基于主体功能区划的林业生态建设补偿机制研究

刘晓光　著

本书由教育部人文社会科学研究青年基金项目（项目批准号：10YJCZH096）资助出版

科学出版社

北　京

内 容 简 介

本书立足于生态文明、生态安全的新理念，以主体功能区建设中林业生态建设补偿的机理、政策需求及面临的问题为切入点，在对国外区域空间发展规划及其林业生态建设补偿机制进行分析与评价的基础上，剖析了主体功能区林业生态建设目标在政府间的传递及其可能引起的补偿效率损耗；重点研究了主体功能区林业生态建设补偿机制的基本架构；分阶段研究、论证了主体功能区建设推进中的林业生态建设补偿重点与不同主体的补偿偏好；构建了促进林业生态建设补偿机制有效运行的保障体系。

本书可作为高等院校中区域经济学、资源与环境经济学、林业经济管理及生态经济学等专业学生的专题教材或为科研工作者进行该领域的研究提供借鉴和参考。

图书在版编目（CIP）数据

基于主体功能区划的林业生态建设补偿机制研究 / 刘晓光著. —北京：科学出版社，2017.2

ISBN 978-7-03-049941-7

Ⅰ. ①基… Ⅱ. ①刘… Ⅲ. ①林业–生态环境建设–补偿机制–研究 Ⅳ. ①S718.5

中国版本图书馆 CIP 数据核字（2016）第 222160 号

责任编辑：方小丽　李　莉　陶　璇 / 责任校对：刘亚琦
责任印制：徐晓晨 / 封面设计：无极书装

科学出版社 出版
北京东黄城根北街 16 号
邮政编码：100717
http://www.sciencep.com

北京京华虎彩印刷有限公司 印刷
科学出版社发行　各地新华书店经销

*

2017 年 2 月第 一 版　　开本：720×1000　B5
2017 年 2 月第一次印刷　　印张：12 1/2
字数：250000
定价：**72.00 元**
（如有印装质量问题，我社负责调换）

前　　言

  主体功能区是根据不同区域的资源环境承载能力、现有开发密度和发展潜力等，按区域分工和协调发展的原则划定的具有某种特定主体功能定位的空间单元。2007 年 7 月，国务院发布了《关于编制全国主体功能区规划的意见》，强调了主体功能区规划的重要地位，使其具有对全社会的影响力以及对各级政府和各项发展建设行为的约束力。"十二五"规划进一步要求实施主体功能区战略，按照全国经济的合理布局，规范开发秩序、控制开发强度，形成高效、协调、可持续的国土空间开发格局。"十三五"规划则明确要强化主体功能区作为国土空间开发保护基础制度的作用，加快完善主体功能区政策体系，推动各地区依据主体功能定位发展。

  近年来，我国政府在林业生态建设补偿方面开展了行之有效的探索与实践。但从总体来看，补偿的范围仍然偏小、标准偏低，多层次的补偿渠道尚未形成，补偿政策缺乏连续性、稳定性，缺乏法律支撑和保障，保护者和受益者良性互动的体制、机制尚不完善，这也在一定程度上影响了林业生态建设的成效。

  在主体功能区战略规划下，林业作为维护生态安全、生产生态产品的主体部门，担负着保护森林、湿地生态系统，治理荒漠生态系统，维护野生动植物及生物多样性，划定生态安全红线，构建生态安全格局，进行生态修复，加快城乡绿化，以及增加森林碳汇等生态建设的重任。

  主体功能区规划的提出和实施，为林业生态建设补偿创建了新的研究平台，为完善林业生态补偿机制提供了更为广阔的制度空间。

  本书是在教育部人文社会科学研究青年基金项目"基于主体功能区划的林业生态建设补偿机制"的基础上完成的。本书综合运用多学科理论，在对国内外相关文献进行梳理的基础上，以主体功能区建设的战略内涵为切入点，结合林业的特点，分析了主体功能区林业生态建设补偿的机理，面临的问题、矛盾，对既有补偿政策的路径依赖性以及政策需求等内容；主要对比研究了美国、英国、芬兰、巴西等国家和地区的区域空间规划理论及其林业生态建设补偿实践操作层面的经验，得出了可为我国借鉴的经验启示；以委托代理理论为切入点，研究、探讨了林业生态建设目标在中央及各级地方政府间的传递、主体功能区林业生态建设补偿效率面临的潜在威胁、补偿机制中的权力作用方式、政策遵从度以及跨区域补偿；重点从补偿的基本原则，补偿主体、客体及补偿对象的界定，补偿方式，差异化补偿标准的设定，补偿资金的筹集及不同主体功能区林业生态建设补偿责任的承担六个方面构建了主体功能区林业生态建设补偿的总体框架；研究了前期、中期及后期三个不同建设阶段下主体功能区林业生态建设补偿的重点及不同主体的补偿偏好。在上述基础下，从政策、制度及法律三个维度探讨了推进主体功能区林业生态建设补偿机制有效运行的保障体系。

主体功能区林业生态建设补偿涉及多方利益主体，是一项复杂而庞大的系统工程。尽管本书在宏观层面上进行了努力探索，但仍感到存有许多缺憾和不足。故希望本书的出版能起到抛砖引玉的作用，能够为在全国最终全面建立体系健全的林业生态建设补偿机制提供佐证资料，为政府的宏观决策提供科学的实证依据，使林业生态建设补偿无论从理论层面还是实务层面都将有新的突破和升华。

在本书的调研过程中，得到了国家林业局发展规划与资金管理司、福建省林业厅、辽宁省林业厅、黑龙江省林业厅、吉林省林业厅、龙江森林工业集团、黑龙江省发展和改革委员会、哈尔滨市国家税务局、大庆市发展和改革委员会、苇河林业局等有关领导和同志的大力支持；在相关资料的加工、处理过程中，得到了彭胜志老师的鼎力相助，在此表示衷心的感谢！

另外，在完成本书的过程中，借鉴了很多文献资料，为本书提供了有益的思路和参考。在此，对其作者及出版单位一并表示感谢！

著　者

2017 年 1 月

目　　录

第1章 绪 论

1.1 研究背景

生态补偿作为一种制度安排，对保证生态环境的有效供给具有不可替代的作用。随着我国经济发展与资源环境之间矛盾的日渐凸显，生态补偿问题日益被国家和民众所重视。2005 年，党的十六届五中全会《关于制定国民经济和社会发展第十一个五年规划的建议》首次提出，按照"谁开发谁保护、谁受益谁补偿"的原则，加快建立生态补偿机制。第十一届全国人大第四次会议审议通过的"十二五"规划纲要就建立生态补偿机制问题做了专门阐述，要求研究设立国家生态补偿专项资金，推行资源型企业可持续发展准备金制度，加快制定实施生态补偿条例。党的十八大报告明确要求建立反映市场供求和资源稀缺程度、体现生态价值和代际补偿的资源有偿使用制度和生态补偿制度。然而，生态环境具有显著的跨区域性，生态服务的提供地区与受益地区往往隶属于不同的行政区域或同一行政区域内不同级次的财政，这使得生态补偿的区域协调问题成为生态补偿制度推进中的重大难点和"瓶颈"。而主体功能区规划的提出和实施，赋予了生态补偿以全新的内涵，为建立生态补偿机制提供了更为广阔的制度空间，为生态建设补偿创建了新的研究平台。

主体功能区是指根据不同区域的资源环境承载能力、现有开发密度和发展潜力等，按区域分工和协调发展的原则划定的具有某种特定主体功能定位的空间单元。"十一五"规划纲要指出：根据资源环境承载能力、现有开发密度和发展潜力，统筹考虑未来我国人口分布、经济布局、国土利用和城镇化格局，将国土空间划分为优化开发、重点开发、限制开发和禁止开发四类主体功能区，按照主体功能定位调整完善区域政策和绩效评价，规范空间开发秩序，形成合理的空间开发结构，实施分类管理的区域政策。2007 年 7 月，国务院发布了《关于编制全国主体功能区规划的意见》，强调了"主体功能区"规划的重要地位，促使

　　"主体功能区划"超越空间领域和一般规划领域,形成对全社会的影响力以及对各级政府和各项发展建设行为的约束力。"十二五"规划要求实施主体功能区战略,按照全国经济的合理布局,规范开发秩序,控制开发强度,形成高效、协调、可持续的国土空间开发格局。为形成高效率、相互协调、可持续发展的国土开发格局,十八届三中全会进一步重申要"划定生态保护红线,实行资源有偿使用制度和生态补偿制度",即经济发达的地区要补偿环境优先的区域,东部地区应该补偿西部地区,从而实现全国经济的综合、均衡发展。"十三五"规划则明确要强化主体功能区作为国土空间开发保护基础制度的作用,加快完善主体功能区政策体系,推动各地区依据主体功能定位发展。有度、有序利用自然,调整、优化空间结构,推动形成以"两横三纵"为主体的城市化战略格局、以"七区二十三带"为主体的农业战略格局、以"两屏三带"为主体的生态安全战略格局以及可持续的海洋空间开发格局,拓展重点生态功能区覆盖范围,加大禁止开发区域保护力度。

　　主体功能区划改变了传统区域经济发展的思维模式,并赋予了不同区域在经济价值与生态价值方面的定位与分工。然而主体功能区建设是新生事物,在具体实施中还有很多需要探索的方面,尤其是容易造成有效生产要素向优化或重点区域的迁移,从而导致区域间发展机会被剥夺。而健全、完善的补偿制度,是协调纷繁复杂的区域间利益冲突与矛盾,以及顺利推进主体功能区建设的重要保障。

　　我国生态类型多样,森林、湿地、草原、荒漠、海洋等生态系统均有分布。但生态脆弱区域面积广大,脆弱因素复杂。中度以上生态脆弱区域占全国陆地国土空间的55%,其中极度脆弱区域占9.7%,重度脆弱区域占19.8%,中度脆弱区域占 25.5%。脆弱的生态环境,使大规模高强度的工业化、城镇化开发只能在适宜开发的有限区域集中展开。

　　森林是陆地生态系统的主体,林业是生态环境建设的主体。加速生态环境建设,首先必须加快林业建设的步伐,加快构筑国土生态安全屏障。我国林业生态建设的近期目标是"到十三五末,力争森林覆盖率提高到23.04%,森林蓄积量增加到 165 亿立方米以上,森林生态服务价值达到 15 万亿元,森林植被碳储量达到95 亿吨,湿地面积不低于 8 亿亩,林业自然保护地面积占国土比例稳定在 17%以上,治理沙化土地 1 000 万公顷"。

　　然而,我国生态状况依然十分脆弱,生态文明建设与可持续发展面临着严峻挑战。生态差距已成为我国与发达国家的最大差距之一。一是生存发展空间不容乐观。全国沙化土地面积为 174 万平方千米,占国土面积的 18.1%,石漠化土地面积为 12.96 万平方千米,并且以年均 2%左右的速度扩展。二是土地质量严重下降。全国水土流失面积达 356 万平方千米,占国土总面积的 37.1%,每年流失土壤 45 亿多吨。我国中西部地区现有坡耕地 3 亿多亩(1 亩 ≈ 666.67

平方米），每年造成的水土流失占全国的 30% 以上。三是生物多样性面临严重威胁。全国已有 233 种脊椎动物濒临灭绝，36 种野生植物的种群数量仅为 1 000 株以下。四是天然湿地急剧减少，蓄水调洪能力和净水贮碳功能下降（国家林业局，2011）。五是我国森林资源质量不高，林地利用率低、生产力低，林木良种使用率较低，森林生态系统整体功能仍然相当脆弱，林业的多功能远未发挥出来。目前占全球 4.7% 的森林资源难以支撑占全球 23% 的人口对生态和林产品的基本需求。目前，我国 60% 以上的宜林地集中在三北（东北、华北和西北地区）、南方石漠化及干热河谷等地区，立地条件差、造林成本高、成果巩固难，今后全国森林覆盖率每提高 1 百分点，都将需要付出更大的代价，生态建设进入攻坚阶段。

近年来，我国政府在林业生态建设补偿方面开展了行之有效的探索与实践。但从总体来看，补偿的范围仍然偏小、标准偏低，多层次的补偿渠道尚未形成，补偿政策缺乏连续性和稳定性，缺乏法律支撑和保障，保护者和受益者良性互动的体制、机制尚不完善，一定程度上影响了林业生态建设的成效。

主体功能区规划的实施，将为林业发展提供更多的政策支持和更加广阔的发展空间。从领域上看，林业在优化开发的城市化地区、重点开发的城市化地区、限制开发的重点生态功能区及禁止开发区中都可以有强化保护和加快发展的空间；从主体功能区涉及的相关政策来看，可渗透到林业发展、改革和稳定的方方面面。因此，从主体功能区划的视角，研究林业生态建设的补偿机制问题，有利于推动林业生态建设的整体协调发展以及林业生态建设成果的巩固。

1.2 研究目的及研究意义

1.2.1 研究目的

本书立足于生态文明、生态安全的新理念，以可持续发展理论为指导，按照市场经济的运行规律，力图从补偿责任、补偿数量和补偿方式等层面探讨和研究不同主体功能区域下林业生态建设补偿的构建机制；拟分别就主体功能区的前期、中期及后期等建设阶段，着重从同一级次政府之间、上下级政府之间及市场化推进三个维度研究林业生态建设补偿的协调方式及其路径；研建确保这一机制有效运转的制度环境、合理的组织安排等，进而提出促使补偿机制完善的对策、建议，为在全国最终全面建立体系健全的林业生态建设补偿机制提供科学的参考和有益的借鉴。

1.2.2　研究意义

1. 理论意义

（1）填补生态补偿理论的有关空白。本书将紧密结合林业建设的生态特征和主体功能区规划，针对政府补偿和市场补偿两种组织方式，从区域及其主体功能的视角，寻求促进林业生态建设的生态补偿模式及运行机制，从而填补生态补偿及宏观经济政策理论的某些空白。

（2）促进多学科的交叉融合。林业生态补偿涉及的利益主体众多、环境影响因素多样，这些都会间接影响到林业生态补偿的方式。所以，以主体功能区为视角深化林业生态建设补偿机制的研究可以进一步促进生态经济学、区域经济学、林业经济学、地理学、财政学和行政学等学科的交叉融合，并提供一些新的有益的积累，从而有利于丰富和完善这些学科的内容和体系。

2. 现实意义

（1）促进森林资源的最优配置和充分利用。林业生态建设周期长、见效慢，在市场竞争中明显处于弱势，就林业经济的长期稳定发展和公平而言，其应该受到重点关注和扶持。不同主体功能区之间生态补偿关系的调整将会引领、推进林业生态建设的可持续发展。

（2）有利于林业欠发达地区的转型发展。中央财政对林业生态建设补偿投入的重点在中西部地区、重点生态区和贫困地区。主体功能区战略下的林业生态补偿机制不仅会促进这些地区的经济社会发展，而且还将带动这些地区的转型发展，使林业基本公共服务能力显著提高，国家生态安全屏障得到加强，从而实现经济发展、民生改善和生态修复的共赢。

（3）为优化政府行为和提高补偿效率提供技术支撑。现有政府间政策工具并未体现出对生态环境问题的关注，本书的研究力图重新设立和完善互相融合、共进的政府间政策机制，为促进区域内不同行政单位的生态协调和公平发展提供基本依据。

1.3　国内外研究状况综合评述

1.3.1　国外研究现状

1. 关于空间规划补偿的研究

对于区域空间规划及其相互作用的研究一直是区域经济学研究的重点，杜能（Thünen）、韦伯（Weber）、帕兰德（Palander）、克里斯·泰勒（Chris Taller）、廖什（Loesch）和其他学者为空间经济分析做出了各种开创性的工作。所提出的理论，主要包括早期的古典区位理论、近现代的均衡发展理论和非均衡发展理论。目前，世界发达国家尤其是国土面积较大的国家，大多通过划分标准区域为实施区域管理和制定区域政策提供依据。最为接近我国主体功能区划分的是巴西，其将国土划为疏散发展地区、控制膨胀地区、积极发展地区、待开发（移民）区和生态保护区五个基本规划类型区，其区域规划包括区域经济发展规划和区域经济调节政策（袁朱，2007）。

20 世纪 90 年代之后，研究倾向于从更广大空间整体性利益的最大化角度出发，扩大规划空间维度，并注重对不同空间主体之间利益关系的调整。国外有关空间规划生态补偿的研究，主要取得了以下进展：

一是对补偿的必要性和可行性有了广泛的研究，如美国生态学家 Cuperus 等（1996）认为，生态补偿是对由于发展而减弱的生态功能或者质量的补助，其目的是修复受损的环境或者建设新的具有可替代生态功能的区域。Zbinden（2004）认为人力资本、经济条件及信息因子等对生态补偿的参与有着显著影响；Wunder 等（2008）强调应通过动态的基准线来评估有无补偿的差异。

二是研究探讨了生态补偿对周围环境及土地利用方面的效应。Herzog 等（2005）通过记录生态补偿区域中的植物种类和绘制鸟类空间分布图，研究了生态补偿区域对瑞士农业景观中植物和鸟类多样性的影响。Albrecht 等（2010）通过对生态补偿草地对邻近集中管理草地中节肢动物多样性的影响分析，提出生态补偿领域的一个重要目标是增加相邻农田生物多样性和集中管理的大农业景观。Zellweger-Fischer 等（2011）认为，栖息地的异质性造成了许多物种数量的下降以及人口的流失。他们以棕色野兔为研究对象，论证了生态补偿在减轻集约农业对农田生物多样性负面影响方面的作用。Junge 等（2011）通过对 4 000 名农户及 500 名非农户的调查发现，生态补偿的比例可以影响到他们对农用土地利用的偏好。Brown 等（2014）认为生物多样性是生态补偿的主要优点，而最大的问题是生态补偿理念在实际执行时所遇到的困难。目前，生态补偿的系统研究较为缺乏，尤其是从利益相关者的视角进行生态补偿的研究更为有限。他们通过对新西兰生态补偿的从业人员进行的半结构化面试研究结果还表明，利益相关者角度下的生态补偿有助于可持续管理，为此应加强后续的法律支持和监测。

三是研究了生态补偿的市场机制及其实现。例如，Gouyon（2003）在世界农林中心对发达国家高山贫困地区环境服务补偿行动的研究中认为，市场机制是实现社会环境成本或效益内部化最为有效的手段。Reid 等（2015）认为大型开发项目通常会对生态系统造成损害。各国政府越来越多地寻求通过生态补偿方案来弥补损失，以维持生物多样性和生态系统服务的整体水平，在减少不确定性和交易成本的同时提高生态当量。在南美国家，巴西和哥伦比亚实施了补偿计划，秘鲁发布了指导方针，并制定了详细的规定。巴西强调有效管理更容易降低成本的不确定性；哥伦比亚建立生态平衡的方法是先进的，但还没有建立必要的制度来降低交易成本。这些经验表明，在赔偿损失、生态平衡、低交易成本和特定的生物多样性目标之间进行权衡是生态补偿成功与否的关键。Eric 等（2015）认为目前少数研究所表明的，生态补偿将会对受人类活动影响的物种产生积极作用的结论是由于对环境补偿的不恰当的预测评估。因为这些评估大多是描述性的，只有在有限的空间和时间尺度上才会有效。为此，他们建立了两个主要类别的预测模型，即相关性模型和基于个人的机械模型，并展示了如何使用这些模型可以单独或综合提高补偿规划。对于这两种模型，他们认为，相关性模型更容易实现，但往往会忽略底层的生态过程并缺乏准确度；相反，基于个人的机械模型可以整合生物相互作用、扩散能力和适应能力，但相比相关性模型需要更多的现场数据。他们进一步提出了用两种方法相结合的补偿规划，以实现利用生物数据库和软件能够快速和准确地预测在环境影响评价中所需要进行的生态补偿评估。

2. 关于林业生态补偿的研究

国外对资源补偿的研究起步较早，对于生态补偿的理论研究也较为系统，包括萨谬尔森（samuelson）纯粹公共物品概念、庇古（Pigou）的外部性理论、以庇古为代表的福利经济学家的庇古税生态补偿政策、以科斯（Coase）为代表的新制度经济学家提出的产权理论和以帕累托（Pareto）为代表的新福利经济学家主张的帕累托最优理论等。

西方经济理论在研究公益性森林经营资金来源时，主要有两大派别。一部分是以庇古为代表的旧福利经济学，主张利用税收来实现森林资源外部效益的内部化，以解决投入问题（陈晓倩，2002）。庇古认为，在国民经济生产和消费过程中，具有外部性的活动因从市场交换中得不到应有的补偿而受到抑制，这种外部性的消除只有通过国家干预，以财政税收方式给予补偿，才能维系其活动的持续。

这种通过财政机制，以经济手段补偿或征税方式解决外部经济性的方式被统称为庇古税。旧福利经济学进一步认为，通过财政机制建立森林生态效益税，解决生态效益生产中所需的资金投入是最佳选择，即通过政府财政的积累和再分配替代具有外部性的生态林业的生产资金积累机制。

而另一派别的经济学家则坚持认为，市场机制在一定条件下可以解决一切问题，包括经济的外部性，具有代表性的是科斯的环境产权理论。科斯认为，如果交易成本为零，只要产权明确，则无论最初产权是如何分配的，通过交易总能达到帕累托最优，外部性也就可以消除（陈晓倩，2002）。依照这一理论，如果森林资源的权属明确，则森林资源的培育可以获得额外的补偿，森林环境资源的受益者有义务对所获得的良好的生态环境进行补偿，即在产权明确、森林生态效益量化的基础上，可以通过市场交换实现对其生产成本的弥补，保证资金通过市场形成投入与补偿的完整循环。

庇古手段与科斯手段的共同之处在于目的都是将外部效益内化，它们都允许当事人为实现目标通过成本收益的比较选择一种最佳方案（李周，2002）。但这两种手段的实施途径和效果却是不同的，主要表现在：①庇古手段较多地依赖政府干预，而科斯手段则更多地依靠市场机制。在不存在市场失灵的情况下，两种手段都是可行的。但如果依靠政府干预，出现企业向政府寻租，下级向上级寻租的情况，则科斯手段将明显优于庇古手段。②庇古手段需要政府来实施收费或补贴，政府的管理成本较大，而科斯手段需要政府来界定并保护产权。③庇古手段的实施，除了使社会获得收益外，政府也可以得到经济利益。科斯手段的实施，如果许可证是以赠予的方式分配的，那么只有社会才能得到收益，但如果许可证是通过拍卖方式分配的，那么政府也可以获得一定的拍卖收益。

有关林业生态补偿的研究成果，主要体现在如下几个方面。

一是补偿标准方面。国外学者比较倾向于采用森林生态系统的服务功能来确定森林生态补偿的标准。他们提出了多种方法对森林价值及生态效益进行计量。目前，世界各国的评价方法主要有两种：一种为价值法、效益法和效能法；另一种为效果评价法和消耗评价法。就具体计量方法而言，对于森林涵养水源、防止水土流失效益，主要采用等效益替代法；对于森林游憩效益，主要采用旅行费用法和随机评估法；对于卫生保健效益，主要通过减少医药费用和病假缺勤来评价；对于制氧效益主要采用替代法等（钟晓玉和董希斌，2008）。此外，一些学者还用影子价格、支付意愿和消费者剩余等评价森林生态效益。20 世纪 90 年代后期，生态足迹等方法也开始被逐渐引入林业的生态价值补偿中。

二是对补偿渠道持有不同见解。许多专家学者认为，公益林生产经营中，国家补偿是最重要的渠道；凡是受益于森林公益作用的方方面面，都应纳入社会补偿渠道之中；而市场补偿渠道由于其不稳定性，应成为公益林生产经营补偿的一个补充渠道。美国明尼苏达大学教授格雷林认为，"如果政府不对个人造林活动的外在性损失给予补偿，个人将不会进行投资，那么，从整体上，林业的发展就会受阻，增加森林资源总量、调节两大需求的目的就会落空"。德国哥廷根大学勃拉贝德尔教授主张："社会应该与林主在发挥森林的多种效益和支付报酬方面达成补偿协议，以使林主感到有利可图，使他们为了森林的多种效益理所当然地去保护森林，培育森林。"他反对对个体林主实行国家资助补贴的办法，认为"这种资助体系越大，就会越快地陷入计划经济，再分配的效果也不会很好"。瑞士的 N. I. 凯恩林于 1999 年在《关于森林效益补偿》一文中的观点则是"财政补偿以及产权受制于社会需求的变化""从政治和经济的角度对森林效益的补偿是有限的，要与社会达成协议"。Murray 和 Robert（2001）将森林生态认证定义为，把生态问题纳入商业木材生产中的森林管理活动。他们利用空间分解模型对美国东南部的木材供应情况及生态认证森林的价格补偿要求进行了模拟。仿真结果表明，大力发展私营木材供应商会有较小的补偿要求。Group（2008）认为森林的碳汇服务、水文服务、生物多样性服务及森林景观服务存在较大的市场化潜力，并对森林生态服务市场开发与建立所需的法律与制度环境、开发这一市场面临的关键问题与步骤等进行了深入研究。

三是对补偿意愿的研究。例如，Moran 等（2007）采用问卷调查法了解苏格兰地区居民对生态补偿的支付意愿，并对调查结果采用层次分析法进行统计分析，结果表明，为追求更好的环境和社会福利，居民有较强的支付意愿通过支付收入税的方式进行生态付费（李炜，2013）。Mäntymaa 等（2009）分析了目前在芬兰所实施的以市场为基础的私有林自愿保护中影响补偿要求的因素。他们的研究表明，拥有大量森林的业主或者国家对森林权属加大财政投资的业主，自愿进行森林保护的积极性最高。业主积极的环境偏好会降低生态补偿要求，而森林的高采伐价值及森林保护的高生态质量会加大对生态补偿的要求。同时进一步指出，自愿参与森林保护方案不能规避业主对生态补偿所采取的战略行为。

四是对补偿模式的研究。Landell-Mills 和 Porras（2002）认为目前森林生态旅游、碳贮存、森林水文服务和生物多样性是森林环境服务市场功能最主要的四个方面，而森林环境服务市场的不断涌现使这一领域的竞争性、激励性和可持续性日益提高。Powell 等（2002）的研究也表明，直接的森林生态系统服务市场通常只限于较小的尺度范围内，碳蓄积和储存交易才是大规模、大范围的森林生态资源补偿的主要途径和方式（李炜，2013）。

五是关于补偿的制度保障。例如，Roman（2009）指出，森林是一种重要的经济资源，也是人类环境平衡的一个重要因素。城市化和工业化并没有考虑到生态要求，也没有考虑到自然经济资源的更新，森林资源的过度与野蛮开发、重新造林、幼林保护等生态补偿措施的缺乏是造成滑坡、荒漠化、污染等灾难性后果的直接原因。为此，他提出，森林所有权结构的改革、重构，是实现人与自然和谐发展的必要前提；与此同时，还需要通过一系列的经济、立法和教育举措等，促进欧盟实现一体化进程。

1.3.2 国内研究现状

1. 对检索文献的梳理

1）生态补偿的研究文献

通过对中国知网"中国期刊全文数据库""中国博士学位论文全文数据库""中国优秀硕士学位论文全文数据库""中国重要会议论文全文数据库""中国重要报纸全文数据库""国际会议论文全文数据库""特色期刊全文数据库""中国专利数据库""国外标准数据库""国家科技成果数据库""哈佛商业评论数据库""中国学术辑刊全文数据库"从 1981 年至 2015 年 12 月 31 日以"生态补偿"为主题进行高级检索，共计得到文献 16 031 篇，具体研究情况如表 1.1 所示。

表 1.1 1981~2015 年中国知网生态补偿研究情况统计表

年份	篇数/篇	占比/%
1981~1986	0	0
1987~1999	31	0.193 375
2000	19	0.118 520
2001	37	0.230 803
2002	52	0.324 372
2003	57	0.355 561
2004	146	0.910 735
2005	284	1.771 568
2006	627	3.911 172
2007	979	6.106 918
2008	1 341	8.365 043
2009	1 328	8.283 950
2010	1 555	9.699 956
2011	1 559	9.724 908
2012	1 582	9.868 380
2013	1 889	11.783 420
2014	2 404	14.995 945
2015	2 141	13.355 375
合计	16 031	100

资料来源：根据对中国知网的文献检索情况整理编制

由表 1.1 可知，生态补偿的研究始于 1987 年，但是 2000 年以前关于生态补偿的研究文献比较少：1987~1999 年共计 31 篇，占研究总量的 0.193 375%，其中，1987 年 1 篇、1988 年 1 篇、1992 年 1 篇、1995 年 3 篇、1996 年 1 篇、1997 年 6 篇、1998 年 5 篇、1999 年 13 篇，中间有几年没有相关文献公开发表。2000 年以后，有关生态补偿的研究逐年呈现增长态势，2005 年研究文献开始超过 200 篇，在 2008 年超过 1 000 篇，在 2014 年达到顶点 2 404 篇。其研究趋势的具体情况如图 1.1 所示。

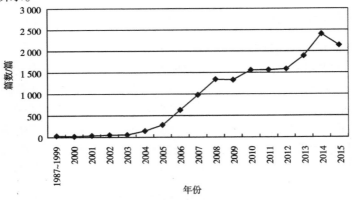

图 1.1　生态补偿文献研究数量趋势图

由图 1.1 可以看出，生态补偿的研究总体呈上升趋势。生态补偿研究发展变化的原因主要在于，2000 年以前由于我国真正意义上的生态补偿实践并未展开，国内学者更多的是在借鉴国外研究文献的基础上对生态补偿的相关理论进行介绍、探讨。2005 年以来，国务院每年都将生态补偿机制建设列为年度工作要点，并于 2010 年将研究制定生态补偿条例列入立法计划，各地区、各部门在大力实施生态保护建设工程的同时，积极探索生态补偿机制建设。理论界基于这一实践需求，进行了不同层面的研究和探讨，生态补偿的研究开始起步并逐渐向纵深发展。

生态补偿研究涉及多学科，具有很强的综合性，根据检索结果可知，共有 40 个学科参与这一论题的研究，研究数量超过 500 篇以上的学科是环境科学与资源利用、农业经济、宏观经济管理与可持续发展、行政法及地方法制、经济体制改革、林业、工业经济、水利水电工程、中国政治与国际政治及资源科学。具体情况如图 1.2 所示。

通过图 1.2 可以看出，在诸多研究学科中，尤以环境科学与资源利用学科最多，占总研究量的 48.026 1%。

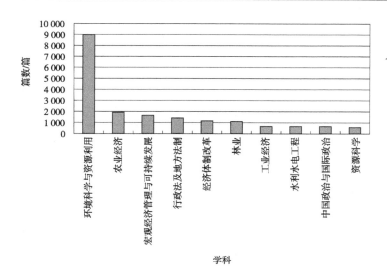

图 1.2 生态补偿研究文献学科领域分布图

随着国家对生态补偿问题的日益重视,从 2000 年以后国家层面对生态补偿研究的资助项目逐渐增多,仅国家自然科学基金和国家社会科学基金两项的资助项目就达 1 443 项,占资助项目总数的 61.957 9%。

从 2005 年起,生态补偿的研究内容开始多元化,实证分析类型的文献开始增多,但核心期刊上发表的论文不足全部期刊论文的一半,这说明在数量增长的同时,质量并没有同步提升,研究还有待深入。

2)林业生态补偿的研究文献

基于上述数据库,从 1981 年至 2015 年 12 月 31 日以"林业"并含"生态补偿"为主题进行精确检索,共得到文献 513 篇。具体研究情况如表 1.2 所示。

表 1.2 1997~2015 年中国知网林业生态补偿研究情况统计表

年份	篇数/篇	占比/%
1997	1	0.194 932
1998	2	0.389 864
1999	4	0.779 727
2000	1	0.194 932
2001	6	1.169 591
2002	4	0.779 727
2003	8	1.559 454
2004	5	0.974 659
2005	16	3.118 908
2006	13	2.534 113
2007	28	5.458 090

续表

年份	篇数/篇	占比/%
2008	32	6.237 817
2009	31	6.042 885
2010	50	9.746 589
2011	66	12.865 497
2012	50	9.746 589
2013	56	10.916 18
2014	77	15.009 747
2015	63	12.280 706
合计	513	100

资料来源：根据对中国知网的文献检索情况整理编制

　　从表 1.2 可以看出，林业生态补偿的研究始于 1997 年，在 2005 年研究数量超过 10 篇，之后从 2007 年开始研究数量总体呈上升趋势，在 2014 年达到最高，而 2010~2015 年每年平均研究数量在 10%左右。主要研究内容有森林生态补偿、公益林生态补偿标准、退耕还林生态补偿、西部生态补偿、自然保护区生态补偿、经济林生态补偿、重点生态工程效益生态补偿、林业碳汇、农田防护林生态补偿及生态补偿的市场机制等。具体来源情况如图 1.3 所示。

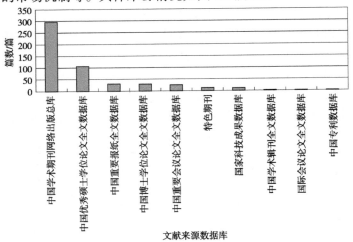

图 1.3　林业生态补偿研究文献来源情况分布图

　　从图 1.3 可以看出，林业生态补偿的研究队伍不断扩大，已经成为博士研究生和硕士研究生的重要选题方向，这也将是林业生态补偿后续研究的潜力所在。

　　从研究层次来看，以行业指导（社会科学）最多，占 30.938 1%，基础研究（社会科学）和基础与应用基础研究（自然科学）次之，分别占 26.546 9%和 12.175 6%。

具体情况如图 1.4 所示。

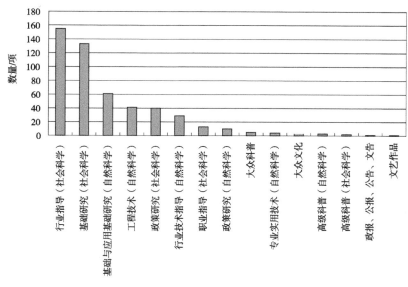

图 1.4　林业生态补偿研究层次分布

从项目的资助情况来看，以国家项目为主，共占基金项目总数的 63.513 5%，省（市）各类基金项目 13 项，占 17.567 6%，另外还有世界自然基金资助 3 项，美国洛克菲勒基金资助 2 项，具体情况如图 1.5 所示。

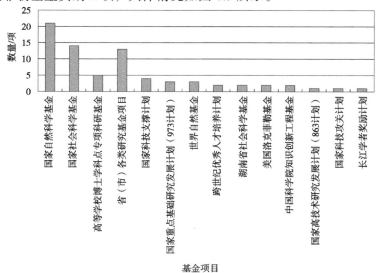

图 1.5　林业生态补偿获得资助情况分布图

从研究机构来看，北京林业大学 38 篇，西北农林科技大学 15 篇，东北林业大学 13 篇，福建农林大学 12 篇，南京林业大学 8 篇，中国林业科学院和中南林业科技大学各 7 篇，江西农业大学、中国社会科学院农村发展研究所、四川农业大学各 6 篇，重庆大学、东北师范大学、华中师范大学各 5 篇，中国林业科学院林业科技信息研究院、中国人民大学、华中农业大学、西南林学院、四川省林业科学研究院各 4 篇，湖南大学、辽宁工程技术大学、东华理工大学、福建师范大学、山西财经大学、黑龙江省大兴安岭地区塔河县林业局、江苏省林业局、沈阳农业大学、西安交通大学、山东农业大学、湖南农业大学、贵州师范大学、江西省林业科学院各 3 篇，江西省遂川县云岭林场、河北经贸大学、西北师范大学、西安建筑科技大学、江西省林业经济学会、福州大学、黑龙江省尚志国有林场管理局、湖南省绥宁县人民政府及昆明理工大学各 2 篇。由此可见，林业生态补偿的研究以农林类高等院校为主体；实践层面，如林业局的研究成果很少。

3）主体功能区生态补偿的研究文献

基于上述数据库，从 1981 年至 2015 年 12 月 31 日以"主体功能区"并含"生态补偿"为主题进行精确检索，共得到文献 350 篇。具体研究情况如表 1.3 所示。

表 1.3　2006~2015 年中国知网主体功能区生态补偿研究情况统计表

年份	篇数/篇	占比/%
2006	2	0.571 429
2007	11	3.142 857
2008	39	11.142 86
2009	30	8.571 429
2010	42	12
2011	38	10.857 144
2012	35	10
2013	43	12.285 714
2014	55	15.714 286
2015	55	15.714 286
合计	350	100

资料来源：根据对中国知网的文献检索情况整理编制

从表 1.3 可以看出，主体功能区生态补偿的研究始于 2006 年，在 2006 年仅有 2 篇，从 2007 年开始逐步增加，中间呈波浪式上升，在 2014 年、2015 年达到最高。其中，以学术期刊上的研究总量最多，重要报纸次之。具体来源情况如图 1.6 所示。

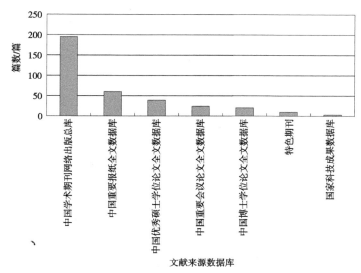

图 1.6　主体功能区生态补偿研究文献来源情况分布图

在上述研究文献中，2006 年、2007 年的研究以相关理论辨析和概念诠释为主；2008 年、2009 年的研究多以主体功能区生态补偿的政策与制度探讨为主；2010 年至今，《全国主体功能区规划》及各省主体功能区规划的陆续出台，为主体功能区生态补偿的研究提供了新的平台，这一阶段的研究侧重于不同类型的主体功能区生态补偿，其中以重点生态功能区、限制开发区生态补偿为多，而且国家和各省从 2007 年开始，每年都有关于主体功能区生态补偿方面的研究获得资助。具体情况如图 1.7 所示。

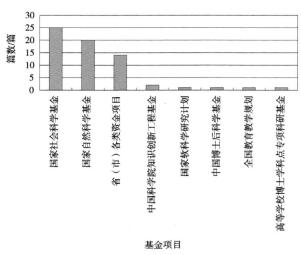

图 1.7　主体功能区生态补偿研究获得资助情况分布图

主体功能区生态补偿研究项目获得资助的类型主要是国家级科学基金项目和省、部级项目，其中以国家层面的资助为主体。通过图 1.7 可以看出，国家社会科学基金有 25 项，位居第一；国家自然科学基金有 20 项，位居第二，二者合计共占基金项目总数的 69.230 8%。国家软科学研究计划 1 项、中国博士后科学基金 1 项、高等学校博士学科点专项科研基金 1 项、中国科学院知识创新工程基金 2 项。此外，获得项目资助的还有黑龙江省科技攻关计划 2 项、黑龙江省自然科学基金 2 项、宁夏高校科研基金 2 项；广东省软科学研究计划、北京市教委科技发展基金、重庆市软科学研究计划、北京市自然科学基金、河南省教委自然科学基金、江西省软科学研究计划、江苏省教育厅人文社会科学研究基金和湖南省社会科学基金各 1 项。

在学科分类上，以环境科学与资源利用最多，占 34.460 9%；经济体制改革次之，占 19.239 0%；排在第三位的是宏观经济管理与可持续发展，占 14.799 2%。具体情况如图 1.8 所示。

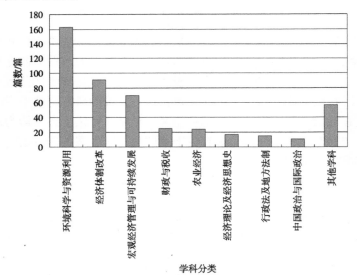

图 1.8　主体功能区生态补偿学科分类情况图

从研究层次方面来看，基础研究（社会科学）方面的最多，政策研究（社会科学）紧随其后，基础与应用基础研究（自然科学）位列第三，具体情况如图 1.9 所示。

从研究机构来看，中国人民大学 10 项，宁夏大学 8 项，兰州大学、四川大学、暨南大学各 7 项，中山大学、中国科学院地理科学与资源研究所、中国财政部财政科学研究所、东北师范大学、中共广东省委党校各 6 项，江西财经大学与西南财经大学各 5 项，新疆师范大学、中共重庆市委党校、东北财经大学、西北大学、华中农业大学、北京大学各 4 项，中南民族大学、河北大学、中共广东省

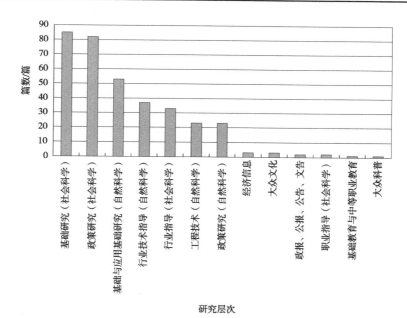

图 1.9 主体功能区生态补偿研究层次分布图

清远市委党校、哈尔滨商业大学、中国社会科学院工业经济研究所、国家环境保护总局中国环境科学研究院、西北师范大学、国家行政学院、南京大学、信阳师范学院、江苏大学、东北林业大学各 3 项,合肥工业大学、华东师范大学、中共广州市委党校、中国科学院南京地理与湖泊研究所、广西大学、广东省科学院广州地理研究所、中国海洋大学、中共宁夏区委党校、徐州师范大学、九江学院、西北民族大学各 2 项。这说明主体功能区生态补偿的研究以高校为主,科研院所为辅。这有利于理论结合实践,便于实证研究的深入开展。

4)主体功能区林业生态补偿的研究文献

基于上述数据库,从 1981 年至 2015 年 12 月 31 日以"主体功能区"、"林业"及"生态补偿"为项名进行精确检索,文献检索结果为 0;以"主体功能区"、"林业"及"生态补偿"为主题进行精确检索,文献检索结果为 0。

变换检索条件,从 1981 年至 2015 年 12 月 31 日以"主体功能区"、"森林"及"生态补偿"为项名进行精确检索,文献检索结果为 0;以"主体功能区"、"森林"及"生态补偿"为主题进行精确检索,文献检索结果为 1。

进一步放宽检索条件,从 1981 年至 2015 年 12 月 31 日以"主体功能区""林业"为主题进行精确检索,文献检索结果为 53,但其中与林业生态补偿有关的仅有 2 项;以"主体功能区""林业"为项名进行精确检索,文献检索结果为 3,其中林业生态补偿方面的仅有 1 项。

综合以上分析可知，关于主体功能区林业生态补偿的研究寥寥无几。

2. 对研究内容与观点的梳理

通过阅读文献资料可以看出，生态补偿的研究内容涉及生态补偿的相关理论、机制、标准、与环境保护的关联关系、法律政策、流域生态补偿、森林及其他重点资源的生态补偿、补偿模式与资料来源、主体功能区生态补偿等方面。主要研究成果可以归为以下类别。

1）生态补偿理论

在生态补偿的理论依据方面，以黄英和张才琴（2005）、吴水荣和马天乐（2001）等为代表的学者总结出以下三种观点：一是公共产品理论；二是外部性理论；三是科斯定理和庇古税。崔金星和石江水（2008）提出，西部生态补偿的理论基础有生态功能区划理论、自然资本理论、生态系统服务理论和自然正义理论等，包括国家补偿、区域和流域补偿、自力补偿三个层次。张乐勤（2010）认为环境生态学的"生态服务价值理论"、资源与环境经济学的"外部性理论"、微观经济学的"公共产品理论"、可持续发展理论、科学发展观理论是流域生态补偿的理论基石。王昱等（2012）从外部性的视角，研究了区域生态补偿的理论问题。

在生态补偿的原则、价值基础方面，谢利玉（2000）、聂华（1994）、张秋根等（2001）及李扬裕（2004）等通过研究认为，森林的生态功能是人类在林业生产过程当中投入的社会必要劳动时间，在生态公益林培育的过程中凝结了大量的物化劳动和活劳动，因而具有商品的价值与使用价值两个基本属性。戴朝霞和黄政（2008）提出了生态补偿应遵循公平性、稳定性和连续性及相对灵活性相结合、生态环境分配制度与建设地区及受益地区共同发展等6项基本原则。胡仪元（2009）从劳动价值论的视角，提出了生态补偿的理论基础首先在于人类通过劳动——对资源的培植、修复、保护等，在资源及其产品中凝结了价值。为此，生态补偿需要在这个价值决定的价格基础上，加入由资源所有权垄断而决定的那部分价格。赵银军等（2012）论述了流域生态补偿的概念、理论基础和运行机制，并利用经济学原理，对生态补偿的必要性和补偿标准进行了理论解析，给出了流域生态补偿必要性的理论依据和需要补偿量的理论值。

2）生态补偿机制

孔凡斌（2007）归纳了我国生态补偿机制的主要研究对象、重点内容及主要观点，对我国生态补偿政策实践中存在的主要问题进行了评述。在此基础上，从完善我国生态补偿机制的角度，提出新时期需要深入研究的关键领域及需要着力解决的问题。蔡邦成等（2005）针对生态补偿机制面临的基本问题，重点探讨了建立生态补偿机制的途径和方法，然后分析了生态补偿机制在中国的现状。张鸿铭（2005）在调研的基础上，提出了从努力创造区域共同发展协调并进的局面、统筹运用政府财政资金、充分发挥政府宏观调控及重视市场机制在生态补偿中的作用等方面进一步完善生态补偿机制的对策建议。李文国和魏玉芝（2008）提出应构建结合传统经济学、生态经济学、资源经济学等理论的既具有广泛适用性又符合中国国情的生态补偿机制理论。王青云（2008）认为生态补偿机制是生态环境补偿机制的重要组成部分。基于我国生态补偿实践的特点和问题，提出我国应从加快生态补偿立法、因地制宜确定补偿模式、分阶段提高补偿标准及分类分级组织实施生态补偿方面建立生态补偿机制。

3）生态补偿标准

段靖等（2010）运用边际分析的方法，证明了直接成本、机会成本是生态补偿标准的下限，低于这个下限，生态补偿理论上将达不到激励生态保护行为的目的。由此出发，在系统总结流域生态补偿中已有的直接成本、机会成本的核算范围与核算方法和分析存在问题的基础上，建立了流域生态补偿直接成本核算的一般性框架与方法，提出了基于分类核算的机会成本计算方法。孔凡斌（2012）提出了在区域生态补偿中，应在主体功能区的国土面积基础上，分别适宜居住区和不适宜居住区作为确定转移支付系数的重要标准。王昱等（2012）从区域外部性出发，认为目前由中央政府承担主要补偿责任最具可行性，由此应逐步建立起适宜的责任分摊机制。贾卓等（2012）以玛曲县草地生态系统为研究对象，采用风险效益成本比作为衡量生态补偿的优先程度，将玛曲县的 8 个乡（镇）分为一类补偿区、二类补偿区和三类补偿区，对其采取有差别的补偿政策。他们提出在生态补偿初期以参与成本为补偿标准，在生态补偿中后期以机会成本和交易成本之和为补偿标准。李潇和李国平（2015）考量了不完全信息下生态补偿标准的确定，得出不完全信息下生态补偿标准中存在信息租金的结论；提出通过筛查合同的方式将禁限开发区的成本类型缩小到一定范围以减少信息租金的建议。毛德华等（2014）基于能值分析理论，对 1999~2010 年洞庭湖区退田还湖的各项主要生态服务价值的能值及其货币价值进行计算，确立了根据每年生态服务功能能值总量相对于退田还湖生态恢复起始年份的增量来确定生态补偿标准的计算方法。李国平和石涵予（2015）将实物期权理论引入农户收益测算中，通过数值模拟探讨南北不同地区收益不确定条件下成本收益等额补偿的转换边界。结果表明，农户退耕的机会成本随时间和地域变动而变动，科学高效的退耕补偿标准也应随之变动。喻永红（2014）提出退耕还林生态补偿标准最低应能弥补农户机会成本，对成本的充分补偿还应包括环境服务的提供成本或实施成本，出于公平考虑则应纳入生态服务价值补偿。

4）生态补偿与环境

孙加秀（2007）在对环境优先与生态补偿机制二者关系分析的基础上，提出了从法律、规划及环境行政许可、环保结构、考核制度等方面完善现行的生态补偿机制的战略构想。杨桂华（2008）结合中国流域生态补偿有关政策和实施情况，阐述了环境经济新政策对环境监测提出的新要求，指出应对流域生态补偿机制开展环境监测，才能为补偿资金的核算提供公正依据。江兴（2008）提出应该借鉴西方发达国家的成功经验，建立纵向和横向相结合的生态补偿机制，使生态环境保护地区和受益地区和谐发展。胡小华和邹新（2009）根据环境经济学的效率准则和科斯定律建立了我国江河源头生态补偿机制的解释模型。唐克勇等（2011）通过对环境产权和生态补偿的融合性研究，探讨了经济发展与生态环境质量改善以及促进人类与生态可持续发展的思路。唐铁朝等（2011）认为，农业生态环境补偿制度应当符合世界贸易组织农业协议绿箱政策，环境友好农业生产的生态补偿应以项目补贴为主导、以农民自愿为前提。曾先峰（2014）通过实证研究发现，在矿产资源开发中，利益主体与生态补偿的责任主体严重背离，因此建立完善的矿区生态补偿机制必须从改革资源环境产权制度着手。

　　5）生态补偿的政策、法律与制度

　　万军等（2005）基于不同尺度下的生态建设外部性问题，提出中国生态补偿机制和政策的初步框架，包括西部生态补偿、生态功能区补偿、流域生态补偿和生态要素补偿等，进而提出近阶段中国生态补偿应该重点突破的若干政策领域。王作全等（2006）以现代生态法文化观念为理论导引，在对传统生态法理论进行检视和对三江源区的生物多样性保护与生态补偿机制进行深度考证的基础上，以理论分析与实证调研相结合的方法，提出了具有建设性和可行性的法律对策。孔凡斌和陈建成（2009）从完善政府筹资机制、诱导形成市场机制、创新补偿标准形成机制和严格补偿资金管理机制等方面设计了中国重点生态公益林生态补偿政策框架。竺效（2011）提出中国应采用公法上的财团法人模式建立生态补偿基金，以实施生态补偿中货币补助方式的直接公共补偿；应建立以财政拨款为基础的多元化的生态补偿基金资金来源制度，财政拨款应作为该类基金的基本资金。张艳芳和 Taylor（2013）阐述了对中国流域生态补偿进行法律保护的必要性，剖析了流域生态补偿法律制度的现状，从流域生态补偿的立法原则、法律体系和补偿机制三方面给出了对中国流域生态补偿的立法建议。卢洪友等（2014）认为，中国目前整个生态补偿链条存在资源环境税费体系缺失、生态补偿转移支付制度不完善等问题，需要建立资源税费体系，实现税制绿色化，完善财力均衡与生态激励相结合的纵向生态补偿转移支付，推广跨流域（区域）的横向生态补偿转移支付。

　　6）流域生态补偿

　　周大杰等（2005）认为，应及时有效地建立中央政府和流域下游发达地区对上游经济欠发达地区的生态补偿制度，达到既可以保护上游生态环境与提高上游人民生活水平，又能促进全流域社会经济的可持续发展的目的；任世丹（2013）认为，多元的利益主体和复杂的补偿关系是流域生态补偿制度建构的难点。陈建华和王国恩（2006）提出在跨行政区的地域内，可设置单一功能的专门机构，如生态资源管理区，以提高资源的共享性，进行区域的协调管理。徐大伟等（2013）认为跨区域生态补偿的重点是上下游地方政府间生态补偿机制的构建与实施，落脚点则是如何有效构建跨区域上下游地方政府间的协商机制。危旭芳（2012）提出要进行区域间的生态合作，即生态区组织劳动力到经济区就业，经济区为生态区提供某些生态环境保护服务，这种合作带有一定的生态补偿性质。郭梅等（2013）从民主协商机制、联合供给机制及中央政府的选择性激励机制三个方面提出了跨区域生态补偿的创新思路。

7）森林资源生态补偿

孔凡斌（2003）研究了森林生态价值补偿政策基础、生态效益补偿对象选择、补偿原则及资金来源途径，提出了森林生态"效益源"的概念；从法理的角度，对生态效益国家购买、社会享有与负担、经营者经济受益的政策模式进行了分析，得出森林生态价值不能作为国家行政补偿计量依据的结论，进而提出了生态效益补偿制度应当充分考虑当地社会经济和人口现状的新思路，建立了森林生态补偿标准的函数关系；提出优先征收森林生态补偿附加税的资金政策构想。姚顺波（2004）提出政府因生态建设的需要，对非公有制森林行使公法上的征用和管制措施，政府对因此而给森林所有者造成的损失所采取的经济补偿措施即为森林生态补偿。刘灵芝等（2011）认为完善政府财政支付体系、制定科学的补偿标准、明晰产权机制及与市场化补偿相结合是未来森林生态补偿的发展方向。李军龙和滕剑仑（2013）设计了闽江源流域农户生计资本指标，进而提出了只有建立多样化、差别化的森林生态补偿方式和配套政策，才能有效提高农户的生计资本能力，保护环境、促进生态公益林的可持续发展。张颖和张艳（2013）通过调查研究认为，影响森林生态补偿标准的因素主要有农户的性别、年龄、家庭人口数、文化程度等基本情况和家庭林业年均收入、林业投入等；进而提出了生态补偿标准的制定应考虑农户的意愿。张媛（2015）认为不应仅仅将森林生态补偿看做一种纠正外部性的手段，还应从生态资本的角度，探讨森林生态补偿的战略意义，充分挖掘森林生态补偿在保障森林生态服务总量不减、增量增加层面的价值。

8）其他重点资源的生态补偿

程琳琳等（2007）提出，应设立"废弃矿山生态恢复治理基金"，实行生态补偿费征收制度；建立矿产资源开采的生态补偿保证金制度；充实"开采许可证"内涵，严格实行开采许可证制度；将矿山企业的生态环境补偿与修复费用纳入矿山企业成本。刘晶和马丹丹（2011）提出水源地生态服务的市场补偿，可以根据流域内各类受益主体的受益程度计量其应支付的补偿费用，由受益方所属辖区政府统一征收，并代表辖区内所有受益方向水源地水资源管理部门集中购买用水权的形式实现。郑伟等（2011）立足于海洋生态系统所具有的流动性、连通性和整体性等特点，探讨了海洋生态补偿的生态学和经济学理论基础，初步构建了海洋生态补偿技术体系。方斌等（2013）以土地利用为视角，构建了农田生态补偿的测算体系，并论证了根据区域经济发展水平与农田生态系统服务价值的关系法测算经济发展对农田生态环境质量的损失、区域农田生态足迹法测算区域环境承载力的测算方法。

9）生态补偿的模式与资金来源

学者们着重从内部、外部两个层面探讨生态补偿资金的来源，主要通过征收生态补偿税（费）、设立生态补偿保证金、各级财政生态专项补偿、优惠信贷及排污权交易、生态补偿援助、发行生态补偿彩票和下游土地收益基金转移支付等方式来加以实现。例如，杜振华和焦玉良（2004）在研究中提出建设区域生态转移支付基金制度来作为区域生态补偿的制度选择和操作范式；蔡剑辉（2003）在经济学分析的基础上，提出可以通过向生态效益受益者征收生态税的方式获得补偿资金；葛颜祥等（2007）认为政府补偿主要采用财政转移支付、政策补偿和生态补偿基金等方式。市场补偿是流域生态服务受益者对保护者的直接补偿，主要采用产权交易市场、一对一交易和生态标记等方式。对于规模较大、补偿主体分散、产权界定模糊的流域适宜政府补偿，规模较小、补偿主体集中、产权界定清晰的流域适宜市场补偿。

10）主体功能区生态补偿

王昱等（2009）从学科基础的角度进行分析，指出区域外部性、自然格局、区域结构、区域本底性质等地学基础要素是建立基于主体功能区生态补偿机制的影响因素和重要科学依据。高新才和王云峰（2010）认为以政府主导为主的生态补偿机制补偿效率较低，建议推进主体功能区补偿机制的市场化改革，可把生态补偿方式由转移支付转变为政府购买，通过政府与企业间的生态服务交易，实现补偿资金的集约利用和生态服务的有效供给，落实区域主体功能定位，为生态地区居民提供可靠的收入保障。孔凡斌（2012）从宏观层面系统阐述了建立区域生态补偿机制的战略原则、政策目标、政策工具、政策重点，系统设计了区域生态补偿的财政机制。穆琳（2013）通过引入生态产品的概念，提出了以市场为主导，通过政府与企业之间的生态产品交易来进行补偿的生态补偿机制的初步构想。

董小君（2009）认为，制定科学生态补偿标准有如下两个思路：一是根据某一生态系统所提供的生态服务来定价；二是根据生态系统类型转换的机会成本来确定。从目前来看，根据机会成本确定补偿标准的可操作性较强。但是，从公平性来讲，根据生态服务价值来确定补偿标准更合理。因此，建议政府在近期内根据机会成本来制定生态补偿标准，同时加强对生态系统服务功能的价值化研究的扶持力度，逐步向根据生态服务订立补偿标准的方向过渡。韩德军等（2011）通过对格罗夫斯-克拉克机制进行数学验证和修正，提出了确定主体功能区生态补偿标准和成本的方法。代明等（2013）运用机会成本法，通过建立生态补偿与发展机会成本的数量关系模型，提出了对生态功能区的单项与综合补偿标准，并选择样区进行了实证，建议未来可以考虑纳入生态建设投入补偿和环境服务付费，使生态补偿标准对各地承担生态屏障、致力可持续发展更具激励性。

郑志国和危旭芳（2008）认为，生态补偿包括生态修复补偿和生态贡献补偿。生态修复补偿应当实行"谁破坏、谁补偿"的原则，包括自行补偿和委托补偿、等同补偿和加倍补偿；生态贡献补偿实行"共建、共享"原则，以上级财政转移支付为主要补偿途径，需要合理确定生态补偿水平，还可以实行飞地补偿。施晓亮（2008）结合宁波市主体功能区划的具体情况，提出了以生态补偿基金为核心，以公共补偿为主，互助补偿、市场补偿为辅的生态补偿机制架构，并对生态补偿基金的筹集渠道及使用领域做了阐述。龚进宏等（2011）提出，基于主体功能区划的生态补偿应包括抑制破坏环境的行为而进行的惩罚，以及激励生态环境保护行为而进行补偿两个方面。汤明和钟丹（2011）提出生态补偿途径主要有政府、市场和自力三种。在建立生态共建时，可根据流域特征选择实施政府转移支付、开征生态与环境共建共享税、提前缴纳生态共建共享保证金、提供生态与环境共建共享优惠贷款、建立生态与环境共建共享基金等多种以政府为主导的补偿模式。在政府补偿的基础上还可以发展市场补偿这种激励性的补偿制度，通过市场的调节作用来实现流域内的生态补偿，如排污权交易和水权交易等。除此之外，自力补偿模式对生态补偿模式也是一种有益的补充。

刘雨林（2008）通过建立博弈模型发现，只有当优化开发区和重点开发区的所得大于限制开发区和禁止开发区从事生态环境保护与建设的所失时，才有可能导致帕累托改进的纳什均衡出现。此时，优化开发区和重点开发区通过向限制开发区和禁止开发区提供一定的转移支付，就会使双方的福利效用增加。周丽旋等（2010）提出应通过环境有偿使用与生态补偿制度，实现受益者承担生态保护成本，构建优化开发区和重点开发区对限制开发区和禁止开发区中的自然保护区、饮用水水源保护区、水源涵养区和生态公益林等重要生态功能区进行生态补偿的渠道。徐梦月等（2012）考虑开发型区域的支付意愿与支付能力，保护型区域贡献的生态效益及其生态系统服务功能对开发型区域的效用影响范围，提出结合生态足迹法与基于生态系统服务功能的引力模型，通过"补偿标准估算—补偿基金设立—分配方案确定—补偿实施"四个步骤，由开发型区域通过政府间财政转移向保护型区域支付生态补偿金。

王昱和王荣成（2008）提出了在现有体制下增加生态补偿因素在转移支付中的权重，建议从补偿限制和禁止开发区域地方政府的公共服务能力、补偿限制和禁止开发区域维护生态服务功能的必要支出以及补偿优化和重点开发区域吸纳转移人口三个方面进行补偿。陈辞（2009）分析了主体功能区对生态补偿产生内生性的原因，并提出了生态补偿的财政政策建议，主要包括建立健全生态补偿机制的税收政策、建立生态补偿机制的财政投入政策及建立横向财政转移支付制度，并将横向补偿纵向化。张洪源（2012）认为在生态补偿的建设中，横向支付转移虽然在总量上所占比例较小，但其均等化的作用却异常突出，在分析目前地区间横向援助法律机制存在的问题的基础上，提出了构建的具体设想及应注意的问题。徐筱越和乔冠宇（2015）运用泰尔指数模型，证明了各主体之间基本公共服务不均等现象的存在。而财政转移支付是解决基本公共服务基本化问题的唯一途径。基于此，他们提出主体功能区生态补偿机制的转移比例，完善其内部结构，建立多元化生态补偿基金及激励目标等政策建议，实现西部主体功能区生态补偿的公共服务均等化目标。

张郁和丁四保（2008）认为，主体功能区生态补偿的协调机构应由流域内各行政单元共同的上一级政府负责建立，协调机构为流域利益相关者提供协调渠道、平台和政策依据，负责考核各行政单元履行生态补偿义务的情况。陈静等（2011）以广东省清远市为范例，提出将生态补偿模式具体细化为纵向补偿模式和横向补偿模式两种，进而选取基本农田、生态公益林和水资源三种生态限建要素搭建了广东省主体功能区生态补偿机制框架，初步提出了补偿模式的框架、补偿的主体和对象、补偿资金的来源、具体措施及相关政策等。

1.3.3　综合评述

综上所述，国外对于生态补偿及空间规划与区域发展的研究非常宽泛，其成果不仅拓宽了生态经济学和制度经济学的研究空间，更为制定林业生态补偿政策提供了相应的理论支撑。我国对生态补偿的研究随着可持续发展理论的兴起经历了从缺失到凸显的历程，越来越受到学术界的重视。近年来，国内学者从不同角度对生态补偿的相关理论进行了研究并取得了一定的成效和进展，但相对于国外林业发达国家而言，我国当前对生态补偿的研究还处于起步阶段，虽然数量众多，范围很广，但在深度上却相对有限。但由于发达国家与发展中国家的资源问题成因不同，这在一定程度上也降低了国外研究成果在我国空间资源管理中应用的指导性。

就林业生态补偿而言，国内外的现有研究呈现出以下特点：多侧重于从外部性、公共产品的特性出发讨论林业的公益特性、补偿制度的必要性与可行性、补偿的复杂性和补偿的原则等，对比较关键的补偿过程研究较少。对补偿措施的讨论多属于经验主义的描述，理性分析与选择较少。在研究方法上，虽然数理统计、计量经济学、博弈论、问卷调查等定量研究有所应用，但总体上仍以定性描述与概念模型的介绍为主。

目前，我国主体功能区的相关研究还刚刚起步，从主体功能区视阈研究生态补偿的还相对较少，有待进一步深入；而对于主体功能区背景下林业生态建设补偿的研究寥寥无几。林业在主体功能区中的地位还未明确；有关林业生态补偿的制度规定零散分布在各部门政策和法律之中，在实施过程中缺少部门间、区域间、利益相关方之间的有效协调和互动；补偿标准不够科学、补偿重点不突出、补偿主体不明确、补偿对象认定依据模糊不清，而且现有补偿标准都是基于林业制度的，未有与四类主体功能区相关联的；差别化政策及多层次的区际利益补偿政策的制定和有效实施面临很大困难；生态补偿市场融资需要的配套政策不健全，资金使用效率不高，缺乏法律支撑和保障。而这些正是目前乃至未来林业生态建设成果得以巩固、综合效益得以实现所需要重点讨论与研究的问题。为此，在借鉴国外相关理论的基础上，深入、系统地开展这方面的研究，将是本书研究的基本着眼点，并构成理论创新的主要内容。

鉴于以上分析，未来研究的发展趋势如下：①将林业生态建设补偿研究置于经济全球化和环境问题全球化的大环境下，注重借鉴政策学的理论来研究林业生态补偿政策的创新；②诊断现行相关生态补偿政策的有效性和可行性，并以主体功能区为视角，寻找制约我国生态补偿机制建立和实施的自然、社会及经济因素，综合考虑林业生态建设的特殊性，提出适合我国国情、林情的生态补偿长效机制；③重视生态安全，整合生态经济规律与社会经济规律，在宏观与微观相结合的理论框架中探讨林业生态建设补偿如何与区域生态演化相协调；④结合省域、县域的不同特点，对不同主体功能区的林业生态补偿机制进行实践研究与检验；⑤对社会参与机制、社会监督机制、利益协调机制予以综合考量，研建相对统一的政策运行和协作平台，以保障我国林业生态补偿政策体系得以完善和有效实施。

1.4　研究的主要内容

本书共分八章，主要内容包括：

第 1 章阐述研究背景、研究目的和意义、研究内容、研究方法和技术路线，重点对林业生态建设补偿的国内外研究文献进行综合评述。

第 2 章为相关概念及理论基础。在厘清相关重要概念的基础上，对公共产品理论、资源配置效率理论、可持续发展理论、区域经济增长理论及区域空间规划理论的核心内容进行了系统归纳与总结。这些理论基础有助于明确林业生态补偿的作用机理，确定补偿主体、受益主体及补偿标准，为后续研究的开展奠定了基础。

第3章界定主体功能区战略下林业生态建设的补偿机理与政策需求。以主体功能区建设的战略内涵为切入点，针对林业生态建设在主体功能区规划和总体格局中的合理定位，分析主体功能区建设中林业生态建设补偿的机理，面临的问题、矛盾，对既有补偿政策的路径依赖性以及政策需求等内容。

第4章为区域空间规划与林业生态建设补偿的国际比较及其经验借鉴。主要对比研究美国、英国、芬兰、巴西等国家和地区的区域空间规划理论及其林业生态建设补偿实践操作层面的经验，得出我国可以借鉴的启示。

第5章探究主体功能区林业建设目标的政府间传递与补偿效益损耗。主要以委托代理理论为切入点，研究、探讨林业生态建设目标在中央及各级地方政府间的传递、补偿效率面临的潜在威胁、补偿机制中的权力作用方式与政策遵从度，在此基础上提出相应的对策建议并对补偿机制的省际协调与合作问题进行探讨。

第6章构建基于主体功能区划的林业生态建设补偿的基本架构。主要立足于优化开发、重点开发、限制开发及禁止开发四类主体功能区的建设特点，从补偿的基本原则，补偿主体、补偿客体及补偿对象的界定，补偿方式，差异化补偿标准，补偿资金的筹集，不同主体功能区林业生态建设补偿责任的承担等方面加以构建。

第7章研究主体功能区不同建设阶段下的林业生态建设补偿重点及不同主体的补偿偏好。主要分别就前期、中期及后期建设阶段，研究林业生态建设补偿的重点以及政府、社会组织和居民对主体功能区林业生态建设补偿的选择偏好。

第8章为林业生态建设补偿中的支撑体系。立足于主体功能区划，主要从政策支撑、制度支撑和法律支撑三个维度加以研究。

1.5　研究方法与技术路线

为了使研究结果建立在科学、严谨的基础上，研究方法的选择与运用至关重要。本书在研究过程中主要采用了如下方法。

（1）以规范研究为主体。近年来，我国的经济理论研究受实证研究的影响，偏重于大量使用数学模型。实证研究的主要目的在于解释现象的本质，而规范性方法则强调从特定的价值判断出发，力求从逻辑上高度概括出最优的模式应该是什么，进而指导实践，实现其规范化。事实上，基于我国目前林业生态建设补偿的实际情况，更适合以相关实证研究的数据为基础，注重规范研究的方法。

（2）定性、定量分析相结合。本书在定性分析的同时，也进行了定量分析，主要采用图、表、建立模型等方式。定量分析可以提高准确性、科学性，定性分析可以使评价更加全面、系统，两者相结合，才能做出恰当的评价。

（3）研究的系统性和重点性相结合。系统论的基本思想就是把所研究和处理的对象置于一个整体之中，分析系统的结构和功能，研究系统、要素、环境三者的相互关系及其变动的规律性。主体功能区背景下的林业生态建设补偿涉及诸多方面内容，不仅涵盖经济学、地理学、环境科学和人口学等诸多学科领域，还涉及财政政策、环境政策、产业政策、投资政策、人口政策、土地政策及对地方政府的考核政策等范畴。这些全部归结到本书中来进行研究显然是不现实的。因此，在对问题进行分析时，既要限定研究的体系，又要避免面面俱到，要突出对重点问题的研究。在此，本书主要对林业生态建设补偿的现状及未来政策需求、不同主体功能区域林业生态建设补偿的基本架构、主体功能区不同建设阶段下的补偿重点、林业生态补偿中不同利益主体的博弈关系及补偿偏好等方面进行重点研究。

（4）通过访问、调研、上网及文献检索等多种有效方法，系统采集国内外研究成果和相关信息。本书中的数据资料主要来源于三个方面：一是各种统计年鉴和统计资料，包括中国统计年鉴、中国林业发展报告及各省的林业统计年鉴；二是国内外学者的相关研究文献，其主要部分已在参考文献中列出；三是实地调研。

在上述研究方法的基础上，本书主要沿着"文献搜集整理及实地调研→提出问题→分析问题→解决问题"的路线展开研究。本书综合运用多学科理论，利用系统工程的研究思想和方法，将大量纷杂的、具体的生态功能区建设问题，用归纳与综合分析的方法在更高层次上进行抽象、概括、分析和总结。与此同时，结合宏观论证和微观分析的方法，将定量分析和定性分析相结合，借助数学模型研建出基于主体功能区划的林业生态建设补偿机制的理论平台。在此基础上，通过对典型范例的模拟运作，进而修正规范分析所得出的结论，并探讨提高补偿效率的支撑体系，从而使研究成果不仅限于演绎推理，更具有对实践的指导性和可操作性。具体研究思路和技术路线如图 1.10 所示。

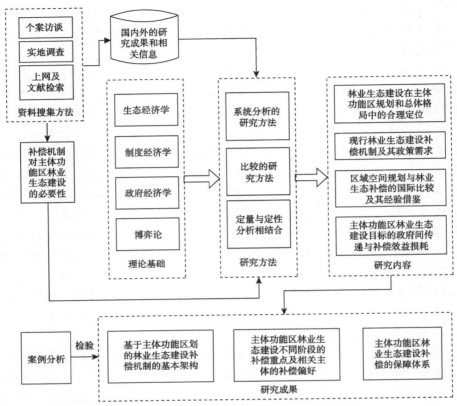

图 1.10　研究思路与技术路线框架图

第 2 章　主体功能区与林业生态建设补偿的相关概念界定及理论基础

2.1　相关概念界定

2.1.1　主体功能区

功能区于 1920 年由地理学家提出,是指以功能内聚性和内部依赖性为划分基础,根据自然条件、资源禀赋和经济社会发展潜力等确定专门职能的具有成片性的、连续的空间单元。

主体功能区是指基于不同区域的资源环境承载能力、现有开发密度和发展潜力等,将特定区域确定为特定主体功能定位类型的一种空间单元。

根据我国的主体功能区规划,基于不同区域的资源环境承载能力、现有开发强度和未来发展潜力,以是否适宜或如何进行大规模高强度工业化城镇化开发为基准,分为优化开发区域、重点开发区域、限制开发区域和禁止开发区域;以提供主体产品的类型为基准,可以划分为城市化地区、农产品主产区和重点生态功能区;按层级,分为国家和省级两个层面。具体如图 2.1 所示。

各类主体功能区,在全国经济社会发展中具有同等重要的地位,只是主体功能不同、开发方式不同、保护内容不同、发展首要任务不同和国家支持重点不同。基于林业生态建设的区域和范围特点,本书中的主体功能区,是指优化开发区、重点开发区、限制开发的重点生态功能区及禁止开发区,即不包括限制开发区域中的农产品主产区。

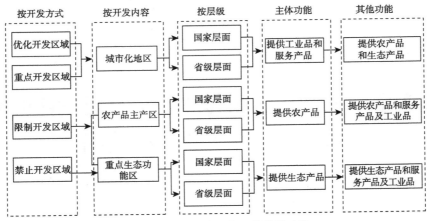

图 2.1　我国主体功能区分类及功能

　　主体功能区有别于行政区。行政区是国家为便于行政管理而分级划分的区域。关于行政区，我国宪法明确规定：全国分为省、自治区、直辖市；省、自治区分为自治州、县、自治县、市；县、自治县分为乡、民族乡、镇；直辖市和较大的市分为区、县；自治州分为县、自治县、市。在香港、澳门特别行政区内实行的制度按照具体情况由全国人民代表大会以法律规定。截至 2016 年 2 月，全国共有34 个省级行政区（其中包括 4 个直辖市、23 个省、5 个自治区、2 个特别行政区），334（不含香港、澳门、台湾）个地级行政区划单位（其中包括 293 个地级市、8个地区、30 个自治州、3 个盟），2 853（不含香港、澳门、台湾）个县级行政区划单位（其中包括 872 个市辖区、368 个县级市、1 442 个县、117 个自治县、49个旗、3 个自治旗、1 个特区、1 个林区），40 497（不含香港、澳门、台湾）个乡级行政区划单位（其中包括 2 个区公所、7 566 个街道、20 117 个镇、11 626 个乡、1 034 个民族乡、151 个苏木、1 个民族苏木）。662 238（不含香港、澳门、台湾）个村级行政单位（省以下行政区划单位统计，不包括香港、澳门、台湾）。主体功能区与行政区的差异情况比较如表 2.1 所示。

表 2.1　主体功能区与行政区差异比较表

比较项目	主体功能区	行政区
产生原因	区域协调发展的要求	政治管理的要求
划分依据	资源环境承载力与开发强度和开发潜力	地理区域
管理主体	主体功能区域内涉及的地方政府协议共同管理或者成立专门机构管理	行政区内地方政府
发展目标	主体功能实现，其他功能协调发挥	行政区内的政治、经济、文化发展
资源流动	不受区域限制	受制于行政管理边界的约束
绩效评价	除了 GDP，更多考虑生态、环境等指标	过多依赖于 GDP

　　主体功能区建设往往会要求突破传统行政区行政边界的约束，一个主体功能区可能会跨越几个行政区的行政管理地域，实行跨界治理。然而在行政地域观念的约束下，在地方经济发展与整个区域协调发展的博弈中，各行政区地方政府对于涉及几个或者多个行政区划的公共性问题时不会去积极地解决，这是在推进主体功能区建设时需要消除的一个主要障碍。

2.1.2　林业

　　长期以来，理论界对林业的概念、内涵一直比较关注，比较有代表性的论述主要如下：

　　联合国粮食及农业组织和国际林业研究组织联盟联合编写的《林业科技辞典》中的林业定义主要有三层含义：一是林业是一种职业，即从事营造、保护和经营森林及林地的科学、业务和技术的职业。目的是对森林资源、林产品和其他效益的永续利用。二是指林木的培育或对林地内固有资源的有效开发利用。三是指为了人类的利益，对林地上和与之有关的天然资源进行经营利用的科学、技术和实践（刘国成和刘晓光，2004）。

　　《不列颠百科全书》定义林业为经营林地及有关的荒地和水面，为人类谋利益的事业。主要目标通常是木材永续利用，但有关土壤、水和野生动物资源保护及游憩相关的活动重要性在日益增强。

　　随着人类对森林各种功能认识的提高和需求的转变，对林业的认识也发生了新的变化，尤其是 20 世纪 90 年代以来，林业的生态功能备受关注，林业的重要地位得到了普遍认同。

　　1992 年 6 月，在巴西里约热内卢联合国环境与发展大会上，全世界 100 多位国家首脑聚集一堂，共同签署了具有里程碑意义的《里约环境与发展宣言》、《21世纪议程》、《关于森林问题的原则声明》、《气候变化框架条约》和《生物多样性公约》五个重要的国际性公约，作为人类社会对环境与发展领域合作的全球共识和最高级别的政治承诺，赋予"林业以首要地位"。

　　中共中央、国务院在 2003 年 6 月 25 日颁发的《关于加快林业发展的决定》中指出，"林业是一项重要的公益事业和基础产业，承担着生态建设和林产品供给的重要任务""林业不仅要满足社会对林木等林产品的多样化需要，更要满足改善生态状况、保障国土生态安全的需要，生态需求已成为社会对林业的第一需要"。

　　2009 年，中央首次召开了林业工作会议，明确了林业在国民经济和社会发展中的战略地位和使命，林业地位得到显著提升。中央林业工作会议强调，"在贯彻可持续发展战略中林业具有重要地位，在生态建设中林业具有首要地位，在西部大开发中林业具有基础地位，在应对气候变化中林业具有特殊地位""实现科学发展必须把发展林业作为重大举措，建设生态文明必须把发展林业作为首要任务，应对气候变化必须把发展林业作为战略选择，解决'三农'问题必须把发展林业作为重要途径"。林业具备的生态、经济、社会、碳汇和文化功能，在全社会进一步达成了共识。

林业的传统领域是森林采伐和资源培育业，主要战场是山区、林区。随着20世纪60年代全球绿色浪潮的兴起，我国林业的内涵也陆续增加了防沙、治沙、湿地保护以及生物多样性保护等内容。进入21世纪，随着林业发展与任务的重点转移，除了林业传统领域不断充实外，林业新兴领域也在日益拓宽，如城市林业、种植（田园）林业和通道林业等。可见，林业应是一个动态的概念，它会随着人类对林业需求的改变、理解的加深、认识水平和科技水平的提高而不断发生变化，并赋予不同的内涵。目前，对现代林业理论的体系、框架等问题还有待深入研究，且研究的最大挑战是如何把眼前利益与长远利益紧密结合，将复杂的新知识、新领域与林业本身紧密结合起来，寻求最佳的答案。

为了正确理解林业，掌握林业的发展规律，必须把握林业的特点。林业的特点主要体现在如下几个方面。

（1）生产长周期性。森林资源的主体是森林，为培育林木，从种苗开始，到造林、抚育、管护直至成材按经济成熟期算，少则需五六年、十几年，多则需要几十年。林业的资金从投入到回收需要漫长的时间，这一特点是工业、农业所不可比拟的。

（2）森林资源的生物性产品具有再生性。森林资源中的生物性产品，如各种林木、野生植物、动物等借助自然力可以繁衍生息。如果加上人的劳动，像人工造林、人工养殖就可能收到更为理想的效果。这个特点是采矿业、采油业所没有的。

（3）生产经营活动的风险性。森林中那些有生命的生物资源除具有生物性特点所决定的季节性、地域性外，在其生长发育过程中，还会受到各种自然灾害、社会因素和人为因素的破坏及干扰，再加之林木经营周期漫长，使林业生产经营活动的风险性更加突出。

（4）林业效应的社会性。林业既能够像其他产业一样，向社会提供经济发展所需要的各类物质产品，如木材、林工产品、林化产品、药材、林果产品及林副产品等；林业也能够为人类提供固碳释氧、涵养水源、保持水土、净化空气、防风固沙和保护生物多样性等丰富的生态产品，还是为人类提供休闲度假、生态旅游和文化传承的重要场所。林业对社会经济，特别是对城市以外的乡镇、山区、林区的经济发展，有重要的促进作用。例如，人们可以依靠林业创业、就业、脱贫、致富等。相反，林业的滞后或遭受破坏，会直接或间接对社会经济及人类文明产生负面效应（刘国成和刘晓光，2004）。

2.1.3　生态补偿

对生态补偿机制的表述，国内外学者和政策制定者都做了大量的探索和研究，从不同视角给出了不同的定义和理解。目前，生态补偿没有明确和一致的定义，主要的观点如下：

王丰年（2006）认为，广义的生态补偿包括对污染环境的补偿和修复生态功能的补偿，即包括对损害资源环境的行为进行收费或对保护资源环境的行为进行补偿，以提高该行为的成本或收益从而达到保护环境的目的。狭义的生态补偿仅指对修复生态功能的补偿，即通过制度安排来实现生态建设外部成本的内部化，让生态修复成果的受益者支付相应的费用；合理解决生态产品这一特殊公共物品消费中的"搭便车"现象，激励生态产品的足额供应，对生态投资者予以合理回报，激励人们从事生态修复行为并使生态资本得以增值。

李文华（2007）认为，生态补偿是以保护和可持续利用生态系统服务为目的，以经济手段为主调节相关者利益关系的制度安排。

俞海（2008）给出的生态补偿含义则是通过调整相关主体间的利益关系，将生态环境的外部性进行内部化，达到保护生态环境、促进自然资本或生态服务功能增值目的的一种制度安排。其实质是通过资源的重新配置，调整和改善生态资源开发利用或生态环境建设、保护领域中的相关生产关系，最终促进生态环境及社会生产力的发展。

中国生态补偿机制与政策课题组（2007）则认为，生态补偿是"以保护生态环境，促进人与自然和谐发展为目的，根据生态系统服务价值、生态保护成本、发展机会成本，运用政府和市场手段，调节生态保护利益相关者之间利益关系的公共制度"。该课题组进一步提出生态补偿有广义和狭义之分：广义的生态补偿既包括对保护生态系统和自然资源所获得效益的奖励或破坏生态系统和自然资源所造成损失的赔偿，也包括对造成环境污染者的收费。狭义的生态补偿主要是指前者，类似于国际上使用的生态服务付费或生态效益付费的概念。

随着生态补偿理论的进一步发展，国外的生态补偿概念更为接近的是"环境服务付费"（payment for environmental services，PES），是指根据生态服务功能的价值量向环境保护和生态建设者支付费用，以激发他们保护环境和进行生态建设的积极性（孔凡斌，2010）。

纵观上述有关生态补偿的不同理解，其共同认可的是通过经济手段将经济效益的外部性成本予以内部化。其中，对外部经济性的补偿依据是为改善生态服务功能所付出的额外的相关保护与建设成本以及为此而牺牲的发展机会成本；外部不经济性的补偿依据是为修复生态服务功能所发生的各项成本以及因对生态的破坏行为而弥补的相关受损者的损失。

2.1.4　生态补偿机制

机制是指对物质运行的动态、过程的抽象，是客观系统内部各要素的组织结构及各要素间相互作用的运行过程和方式。所谓生态补偿机制，就是指生态补偿各组成要素之间相互影响、相互作用的规律以及它们之间的协调关系，通过一定的运行模式，把各构成要素有机地联系在一起，以达到生态补偿顺利实施的目的。简而言之，生态补偿机制是调整相关主体的环境及其经济利益的分配关系，内化相关活动的外部成本，恢复、维护和改善生态系统功能的一种制度安排（陈作成，2015）。

生态补偿机制是对生态补偿理念及政策的具体运用以及对实践操作的具体设计，其主要构成要素包括补偿原则、补偿主体、补偿对象、补偿标准和补偿方式等方面。

生态补偿原则是生态补偿得以实施的基础，它影响生态补偿机制的每一个环节，对生态补偿机制的建立、生态补偿的决策与实施具有重要的指导意义。

生态补偿的主体是指依照生态补偿法律规定或合同约定需要提供生态补偿资金、实物、技术或服务组织、机构或者个人，其具备生态补偿的权利能力及行为能力，且需承担生态环境保护的责任或义务。

生态补偿的对象主要包括：被破坏的生态系统、被污染的环境；对生态环境予以修复、建设的企业、组织和居民；因保护生态环境而放弃发展机会的区域，如自然保护区、其他生态功能区通过涵养水源、保护生物多样性等行为而承担的发展成本；遭受生态损失的企业、组织和居民，如矿产开采、农林牧地占用等遭受损失的当地农民。

生态补偿的标准是补偿资金分配的基础，也是生态补偿机制的核心内容，其数额大小关系到生态补偿的效果和可行性。

补偿模式包含具体的补偿途径、资金来源和补偿方式等，其中生态补偿的资金来源是指获得生态补偿资金的渠道，即生态补偿资金来自何处，主要有国家财政投入的资金、专项资金和市场资金等；生态补偿方式是实施生态补偿的形式或途径。

2.1.5　林业生态建设

"生态建设"一词在中国应用十分广泛，如林业生态建设、农业生态建设、草原生态建设、水利生态建设及其他相关用语。但对于生态建设概念与内涵的界定，学术界的观点则不尽相同。中国工程院最初把"生态建设"与"环境保护"并列使用，表达的是"生态环境保护"的内容。有些学者认为，"建设"过于强调人为措施的作用，有削弱尊重自然规律、依靠自然恢复的寓意，建议在使用"生态建设"这个词时应该谨慎，从而更倾向于使用"生态保护"一词。有学者针对在生态保护的实施过程中，过于强调被动的保护而忽视主动加强抚育管理及综合利用生态系统功能的做法，提出单用"生态保护"一词概括并不完整，带有某种消极因素。基于这些争论，沈国舫（2007）、贾治邦（2011）等认为，"生态建设"可以和"生态保护"在不同需要侧重的场合分别使用，也可以把两者并用或联用。在中国的语言环境中，用"生态建设"来概括所有生态方面的活动是可行的。"建设"两字在中国语义广泛，不仅指人为建造的过程，也可指完成某项事业或工程的进程，"建设"还可以包含"发展""改进"的意义。与此同时，他们还提出，"生态建设"作为一切改善生态活动的总称，是包括保护活动的，甚至以保护作为前提。这也是本书所采纳和使用的含义。

生态建设的对象既包括自然生态系统，即森林、草原、荒漠、湿地、水域和海洋等生态系统，也包括构成这些生态系统的所有组分和物种（沈国舫，2014）。生态保护和建设的对象除了上述自然生态系统以外，还应包括人工生态系统，如农田、城镇、工矿及交通用地等。就自然生态系统而言，对于原始或保存较好的生态系统，其生态建设的任务主要是进行物种与种群的生物多样性保护以及各种自然保护区的保护；对于轻中度退化的生态系统，其生态建设的主要任务是对生态系统进行保护和培育，促进正向生态演替；对于严重破坏退化的生态系统，其生态建设的任务主要是对生态系统的组成和结构进行改良、改造或修复，使生态系统能够得以恢复、重建；对于原生生态系统已消失的土地，其生态建设的任务主要是用人工方法仿造、重建原有系统或根据需求新建不同于原有的生态系统。就人工生态系统而言，其生态建设的主要任务是耕地保护、退耕还林（草）、退耕还湿、生态农业、农林复合经营，农田（牧场）防护林营造、城镇园林绿化、植树造林、水土保持以及对废弃（或损害）的工矿交通用地进行绿化和修复（沈国舫，2014）。

综上所述，本书所论及的林业生态建设是指所有以发挥森林生态功能、改善林业生态状况为目的的活动的总称，它涵盖各个类型和层次的林业生态保护和林业建设活动，包括自然保护区的保存，森林生态系统的保护、培育和保育，退化生态系统的恢复及修复、改良或改造、重建或更新，以及对人工森林生态系统的保护、调整、新建等综合治理措施，还包括森林碳汇增储等活动。

2.2　研究的理论基础

2.2.1　公共产品理论

公共产品理论是政府介入公共领域，通过公共财政进行资源配置的最重要的理论基础。在经济学史上，萨缪尔森是公共产品理论的奠基人。1954 年，萨缪尔森在其《公共支出的纯粹理论》中给出了公共产品的经典定义。根据萨缪尔森的定义，公共产品具有两个本质特征：一是非排他性（nonexcludability），二是消费上的非竞争性（nonrivalrous consumption）。非排他性是指不可能阻止不付费者对公共产品的消费，对公共产品的供给不付任何费用的人同支付费用的人一样能够享有公共产品带来的益处；消费上的非竞争性是指一个人对公共产品的消费不会影响其他人从对公共产品的消费中获得的效用，即增加额外一个人消费该公共产品不会引起产品成本的任何增加。

自萨缪尔森以来，更多的经济学家投入对公共产品的研究中，随着对公共产品研究的深入，关于公共产品的争论也日益激烈。总体上说，这些争论主要集中在两方面，即公共产品的分类和供给方式（吕恒立，2002）。

关于公共产品的分类，布坎南在《俱乐部的经济理论》一文中明确指出，"根据萨缪尔森的定义所导出的公共产品是'纯公共产品'，而完全由市场来决定的产品是'纯私人产品'。现实世界中，大量存在的是介于公共物品和私人物品之间的一种商品，称作准公共产品或混合商品"。

以此为基础，公共产品基本可以分为两大类：第一类是纯公共产品，如军队提供的国防、警察提供的社会治安及政府部门提供的政策等。第二类是准公共产品（quasi-public goods），即不同时具备非排他性和非竞争性的产品。斯蒂格里茨在《公共经济学》中将其描述为"这样一些物品，就向个人供给的成本来说，它们与私人物品一样，但却是由公共供应的"。准公共产品一般具有"拥挤性"

（congestion）的特点，即当消费者的数目增加到某一个值后，就会出现边际成本为正的情况，而不是像纯公共产品，增加一个人的消费，边际成本为零。准公共产品到达"拥挤点"后，每增加一个人，将减少原有消费者的效用。准公共产品根据具体特点又可划为两种，一是消费上具有非竞争性，但是却可以较轻易地做到排他的公共产品，如公共桥梁、公共游泳池及公共电影院等。有学者将这类物品形象地称为俱乐部产品（club goods）。二是在消费上具有竞争性，但是却无法有效地排他，如公共渔场、牧场等。有学者将这类物品称为共同资源（common resources）。

以上是对公共产品最基本也是最重要的分类。此外，有关学者也提出了一些其他分类，如按公共产品的内容可以分为公共物质性产品、行政性产品和服务性产品三大类；按公共产品的表现形式可以分为有形产品和无形产品两大类；按照范围可以分为全国性公共产品和地方性公共产品等。

公共产品的供给问题，其实质是作为具有非竞争性、非排他性性质的社会资源应如何配置的问题。资源配置的首要原则是效率原则，公共产品供给也应先遵循这一原则，即不论公共产品的提供方式如何，都应满足社会福利最大化的要求。

关于公共产品的供给方式，以萨缪尔森为代表的福利经济学家们认为，由于公共产品非排他性和非竞争性的特征，通过市场方式提供公共产品，实现排他是不可能的或者成本是高昂的，并且在规模经济上缺乏效率。因此，福利经济学家们认为，政府提供公共产品比市场方式（即通过私人提供）具有更高的效率。

从 20 世纪六七十年代以来，随着福利国家危机的出现，一批主张经济自由的经济学家纷纷开始怀疑政府作为公共产品唯一供给者的合理性。戈尔丁、布鲁贝克尔、史密兹、德姆塞茨及科斯等或从理论或从经验方面论证了公共产品私人供给的可能性（吕恒立，2002）。

戈尔丁认为，在公共产品的消费上存在着"平等进入"（equal access）和"选择性进入"（selective access）。"平等进入"是指公共产品可由任何人来消费，如国防等，一般是纯公共产品；"选择性进入"是指消费者只有在满足一定的约束条件（如付费）后，才可以进行消费，如高尔夫球场等，一般是俱乐部产品。戈尔丁认为，没有什么产品或服务是由其内在性质决定它是公共产品或不是，若公共产品不能通过市场手段被充分地供给消费者，那是因为把不付费者排除在外的技术还没有产生或者在经济上不可行（朱儒顺，2005）。

继戈尔丁之后，德姆塞茨在《公共产品的私人生产》一文中指出，"在能够排除不付费者的情况下，私人企业能够有效地提供公共产品"，他进一步认为，"若一个产品是公共产品，那么对同一产品付不同价格是满足竞争性均衡条件的。由于不同的消费者对同一公共产品有不同的偏好，因此可以通过价格歧视的方法来对不同的消费者收费"。

可以说，德姆塞茨的论点是对戈尔丁论点的发展，二者都从技术的角度讨论了私人提供公共产品的可能性，即如果存在排他性技术，则私人可以很好地供给某些公共产品。这为探讨公共产品的私人供给问题，尤其为解决准公共产品的"拥挤性"问题奠定了良好的基础。

其他学者，如布鲁贝克尔认为，公共产品消费上的"免费搭车"问题缺乏经验方面的科学根据，它忽视了现实中许多影响人们表明自己对公共产品需求的重要因素。史密兹进一步认为，在公共产品的供给上，消费者之间可订立契约，根据一致性同意原则来供给公共产品，从而解决"免费搭车"问题。

如果说上述学者是从理论角度进行的论证，而科斯则以灯塔为例，从经验的角度论证了这种可能性。科斯的研究表明，一向认为必须由政府经营的公共产品，也是可以由私人提供和经营的。

公共产品私人供给的必要性在于"政府失效"。政府作为一种制度安排，如同市场制度一样，同样是内生变量，其自身的运行以及向公众提供公共服务和公共产品同样存在交易成本问题。正如萨缪尔森所总结的，"当政府政策或集体行动所采取的手段不能改善经济效率或道德上可接受的国民收入分配时，政府失效便产生了"。这种情况下，政府作为公共产品的唯一供给者就失去了合法性的依据。

综合各学者的研究成果，私人若想成功地提供某些公共产品，需要满足以下条件。

首先，私人供给的公共产品一般应是准公共产品。由于纯公共产品一般具有规模大、成本高的特点，政府可利用其规模经济及权力优势来提供，而私人提供纯公共产品不是交易成本太大就是不可能。准公共产品的规模和范围一般较小，涉及的消费者数量有限，正如布鲁贝克尔和史密兹所认为的，这容易使消费者根据一致性同意原则，订立契约，自主地通过市场方式来提供。

其次，在公共产品的消费上必须存在排他性技术。这即是戈尔丁提出的公共产品使用上的"选择性进入"方式。其可以有效排除"免费搭车"等外部性问题，从而大幅度地降低私人提供产品的交易成本。

最后，更为关键的是，私人若想成功地提供公共产品必须要有一系列制度条件来保障。其中，最重要的制度安排是产权。只有界定私人对某一公共产品的产权，并且有一系列制度安排来保护产权的行使，私人才有动力来提供某一公共产品。

西方经济理论认为，政府最重要的职责是供应公共产品。然而，如何确定公共产品供给的数量及价格，以满足社会的需求，达到整个社会福利最大化，成为经济学界的一大研究课题。按照私人产品局部均衡分析的方法，西方公共产品最优供给理论通过分析公共产品"虚拟"供需曲线，得出结论：虽然每个消费者负担不同的税收价格，但他们享有等量的公共产品，从而使公共产品供给的帕累托最优条件是所有消费者的边际替代率之和等于公共产品生产的边际转换率。但是，公共产品的提供并不是通过市场进行的，在消费者和供应者之间存在着信息的不对称性，供应者难以取得消费者的需求信息。而无视消费者的需求，就无法达到公共产品供求均衡，无法实现公共产品最优供给，因此，对消费者需求偏好的了解成为这一模型应用于现实经济的亟待解决的问题。经济学家对此采用了一种迂回的解决方式，即在两者之间插入一个媒介，运用民主机制进行公共选择，最大化地显示消费者对公共产品的偏好信息。

由于历史的原因，我国长期强调政府的阶级属性而忽略了政府的公共管理属性，对公共产品的理论研究几乎是空白。随着从计划经济向市场经济的转变，目前我国政府已开始从私人产品的生产和供给中退出来，转向公共产品的生产和供给。因此，加强对公共产品理论的研究，对于进一步转变政府职能，深化行政管理体制改革，都具有十分重大的意义。

2.2.2　外部性理论

外部性问题一直是经济学中最复杂、最重要的理论之一。在西奇威克和马歇尔的开创性研究之后，越来越多的经济学家从成本、收益、经济利益和产权制度等多个角度对外部性进行界定。庇古在其著名的《福利经济学》中提出了静态技术外在性的基本理论。他用灯塔、交通、污染等例子来说明经济活动中经常存在的对第三者的经济影响，即"外部不经济"和"内部不经济"的概念。1962 年，布坎南和斯塔布尔宾用数学语言较为准确地描述了外部性行为的基本特征，即只要某人的效用函数或某厂商的生产函数所包含的某些变量在另一个人或厂商的控制之下，就表明该经济中存在外部性。诺斯等则从"搭便车"的角度论述了外部性的含义。

从不同的角度进行分类，外部性可以分为技术外部性和货币外部性、外部经济与外部不经济、生产的外部性与消费的外部性、代内外部性与代际外部性、国内外部性与国际外部性、竞争条件下的外部性与垄断条件下的外部性、稳定的外部性和不稳定的外部性、单向的外部性与交互的外部性、环境外部性和非环境外部性、制度外部性与科技外部性。基于本书的视角，主要涉及的是外部经济与外部不经济。

外部经济与外部不经济是根据外部性的影响效果来区分的。外部性可以分为外部经济（或称正外部经济效应、正外部性）和外部不经济（或称负外部经济效应、负外部性）。其中，外部经济就是一些人的生产或消费使另一些人受益而又无法向其收费的现象；外部不经济就是一些人的生产或消费使另一些人受损而又无法给其弥补的现象。

外部性问题的实质就在于社会成本与私人成本之间发生偏离。当存在外部性时，社会成本不仅包括私人成本，而且还包括生产行为或消费行为所造成的外部成本。其关系式为

$$社会成本 = 私人成本 \pm 外部成本$$

按照上式，当一项经济活动的外部成本为正，即存在负外部性时，社会成本大于私人成本；当外部成本为负，即存在正外部性时，社会成本小于私人成本。如果采用边际分析法，则关系式为

$$边际社会成本 = 边际私人成本 \pm 边际外部成本$$

当一项经济活动存在负外部性时，边际社会成本大于边际私人成本，而当一项经济活动存在正外部性时，边际社会成本小于边际私人成本。

外部性理论揭示了市场失灵导致经济活动中资源配置效率低下的根源，同时也为解决外部性问题提供了可供选择的思路。消除外部性影响的根本措施是外部成本的内在化。针对外部性，尤其是外部不经济问题，西方学者提出了众多的"内在化"途径。庇古提出要依靠政府征税或补贴来予以解决，其中补贴通常由政府提供，通过对进行正外部性经济活动的生产者或消费者进行补贴，使私人收益加上补贴后等于社会最佳供给量时的社会收益，从而消除正外部性；税收则是通过对产生负外部性的生产者或消费者征收恰好等于外部成本的庇古税，使私人成本加上税收后等于社会成本，从而消除负外部性。直到20世纪60年代之前，经济学界基本上沿用庇古的理论，认为政府干预是解决外部性问题的最有效手段。

当然，庇古理论也存在局限性，这是因为对外部性影响进行干预的政府也存在失灵。1960年，美国经济学家科斯发表了题为《社会成本问题》的论文，认为在交易费用为零的情况下，庇古税根本没有必要；在交易费用不为零的情况下，解决外部性的内部化问题还需要通过各种政策手段的权衡比较才能确定；以税收手段解决外部性问题，在实际中存在诸多问题。进而科斯提出外部性问题可以通过重新分配产权得到解决，即当交易成本为零时，人们之间的自愿合作或将外部性所产生的社会成本纳入交易当事人的成本函数，从而导致最佳效率的结果出现。只要产权界定清晰，交易各方就会力求降低交易费用。所以在科斯看来，外部性无需政府干预，完全可由私人合约借助于市场机制得到解决。

阿罗于1969年在《经济活动的组织》一文中解释了通过创造附加市场使外部性内在化。针对科斯的方案，斯蒂格利茨在其1997年版的《经济学》一书中认为，交易费用为零的社会是不存在的；由于谈判成本的问题，当事人之间可能无法交易。因此，他认为科斯定理的应用范围十分有限，政府干预是必需的，"庇古税"

可能更有效。

基于上述分析，在市场经济下，无论是正外部性还是负外部性，其存在必然不利于资源的有效配置，从而也不利于社会福利的最大化。由此从市场与政府相结合的角度去探寻解决方案应该是最佳选择，这也是本书的立足点之所在。

2.2.3　可持续发展理论

现代可持续发展理论源于人们对愈演愈烈的环境问题的热切关注和对人类未来的希冀。世界人口的爆炸式增长、自然资源的日渐短缺和生态环境的不断恶化，是现代可持续发展理论产生的背景。

从 20 世纪 60~80 年代，人们开始认真反思传统经济发展模式必然产生的矛盾，积极寻求新的发展思路和模式，即在提高经济效益的同时，又能保护资源、改善环境。于是，可持续发展作为一种全新的模式和理念应运而生。可持续发展的内涵十分丰富，从总体来看，可以概括为以下几个方面：

（1）从自然属性方面研究可持续发展。可持续发展这一概念最初是由生态学家首先提出来的，即所谓"生态持续性"（ecological sustainability），它旨在说明自然资源及其开发利用程度间的平衡。1991 年，国际生态学联合会（International Union of Ecological）和国际生物科学联合会（International Union of Biological Science）联合举行关于可持续发展问题的专题研讨会。该研讨会的成果发展并深化了可持续发展概念的自然属性，将可持续发展定义为"保护和加强环境系统的生产和更新能力"，即可持续发展是不超越环境系统再生能力的发展。

（2）从社会学的角度研究可持续发展。1991 年由世界自然保护联盟（International Union for Conservantion of Nature）、联合国环境规划署（United Nations Environment Programme）和世界野生生物基金会（World Wide Fund for Nature）共同发表了《保护地球：可持续生存战略》，将可持续发展定义为"在生存于不超出维持生态系统承载能力的前提下，改善人类的生活品质"，并提出人类可持续生存的 9 条基本原则。在这 9 条原则中，既强调了人类的生产方式与生活方式要与地球承载能力保持平衡以保护地球的生命力和生物多样性，同时也提出了人类可持续发展的价值观和 130 个行动方案，着重论述了可持续发展的最终落脚点是人类社会，即改善人类的生活质量，创造美好的生活环境。

（3）从经济方面研究可持续发展。这类研究认为，可持续发展的核心是经济发展。巴伯在其著作中将可持续发展定义为，"在保护自然资源的质量和其所提供服务的前提下，使经济发展的净利益增加到最大限度"。经济学家皮尔斯提出，

"当发展能够保证当代人的福利增加时，也不会使后代人的福利减少"。经济学家科斯坦萨等则认为，"可持续发展是动态的人类经济系统与更大程度上动态的、但正常条件下变动更缓慢的生态系统之间的一种关系"。

（4）从科技方面研究可持续发展。世界资源总署提出，"可持续发展就是建立极少产生废料和污染物的工艺或技术系统"。它们认为，污染并不是工业活动不可避免的结果，而是技术水平差、效率低的表现。它们主张发达国家与发展中国家之间进行技术合作，缩小技术差距，提高发展中国家的经济生产力。同时，建议在全球范围内开发更有效地使用矿物能源的技术，提供安全而又经济的可再生能源技术来限制导致全球气候变暖的二氧化碳的排放，并通过适当的技术选择，停止某些化学品的生产与使用，以保护臭氧层，逐步解决全球环境问题。

布伦特兰夫人在《我们共同的未来》中，系统地阐述了人类面临的一系列重大经济、社会和环境问题，提出了可持续发展概念。这一概念在最一般的意义上得到了广泛的接受和认可，并在1992年联合国环境与发展大会上得到共识。布伦特兰提出的可持续发展定义是"既满足当代人的需求，又不对后代人满足其自身需求的能力构成危害的发展"。它包括两个关键性的概念：一是人类需求，特别是世界上穷人的需求，即"各种需要"的概念，这些基本需要应被置于压倒一切的优先地位；二是环境限度，如果它被突破，必将影响自然界支持当代和后代人生存的能力。

进入20世纪90年代以来，可持续发展以其崭新的价值观和光明的发展前景，被正式列入国际社会议程。1992年的世界环境与发展会议，1994年的世界人口与发展会议，1995年的哥本哈根世界首脑会议，都将其作为重要议题，并提出了可持续发展的战略构想。

可持续发展理论突出强调的是发展，它不否定经济增长，尤其是发展中国家的经济增长，并把消除贫困当做实现可持续发展的一项不可缺少的条件。特别是对发展中国家来说，生存权与发展权尤为重要。目前，发展中国家正在经受着贫困与生态恶化的双重压力，贫困是导致生态恶化的根源，而生态恶化更加剧了贫困。既然环境退化的原因存在于经济过程之中，其解决方案也应该从经济过程中去寻找，只有发展才能为解决生态危机提供必要的物质基础。

可持续发展理论还特别强调技术因素在经济发展过程中的作用，环境恶化与资源耗竭，需要技术的支撑才能得到有效的遏制。由于环境恶化与资源耗竭在一定程度上存在着不可逆转性，因此，可持续发展要求人们改变传统的生产和消费方式，将经济增长方式从粗放型转变为集约型，减少每单位经济活动所造成的环境压力。要求人们在生产时要尽量地少投入、多产出，在消费时，要尽可能地多利用、少排放；可持续发展提倡清洁生产，推行无（或少）污染生产，实现环境及资源的可持续利用，由此可见，技术进步是实现可持续发展的物质保证和前提条件。

与传统经济发展理论相比，可持续发展不仅突出重视环境资源的价值，而且从动态角度强调经济的发展与环境承载能力应相互协调，必须把环境保护作为发展进程中的一个重要组成部分，作为衡量发展质量、发展水平和发展程度的客观标准之一。可持续发展还涉及制度的安排，而传统经济发展理论却将制度因素对经济发展的巨大作用排除在外。传统经济理论尽管也分析、研究人口增长与技术进步对经济发展的影响，但基本是静态地、孤立地研究这些因素。可持续发展认为，人口与环境资源等因素是相互影响的，传统经济发展必须跳出"贫穷→人口增长→环境退化→资源耗竭→贫穷"的恶性循环。为此，必须重视资本、人力资本和环境资本，因为其中任何一种形式的资本退化都会危及未来的经济增长。

可持续发展理论从伦理角度提出了公平的原则，包括三层含义：一是本代人的公平，即同代人之间的横向公平。要满足全体人民的基本需求和给全体人民机会以满足他们要求较好生活的愿望，要给世界以公平的分配和公平的发展权，要把消除贫困作为可持续发展进程特别优先的问题来考虑。二是代际的公平，即世代人之间的纵向公平。人类赖以生存的自然资源是有限的，本代人不能因为自己的发展和需求而损坏人类世世代代满足需求的条件——自然资源与环境。要给后代人公平利用自然资源的权利（孔云峰，2005）。三是公平分配有限资源。发达国家在发展过程中已经消耗了地球上大量的资源和能源，对全球环境变化的影响最大，并且至今仍居于国际经济秩序中的有利地位，继续大量占有来自发展中国家的资源，造成一系列的环境问题。因此，发达国家应对全球环境问题承担主要责任，理应从技术和资金方面帮助发展中国家提高环境保护能力。联合国环境与发展大会通过的《里约环境与发展宣言》已把这一公平原则上升为国家的主权原则。公平原则是可持续发展与传统发展模式的根本区别之一。

综上所述，可持续发展理论的建立与完善是沿着三个方向揭示其内涵和实质的，即经济学方向、社会学方向和生态学方向。与此同时，可持续发展理论的研究还涉及自然环境的加速变化、自然环境的社会效益及自然环境的人文痕迹等，力图把当代与后代、区域与全球、空间与时间、结构与功能等有力地统一起来。

我国在可持续发展的理论研究与实证研究方面，有着独特的思路。不仅在上述三个方向进行了研究，而且独立地开创了可持续发展的第四个方向，即系统学方向。其突出特色是以综合协同的观点，去探索可持续发展的本源和演化规律，有序地演绎了可持续发展的时空耦合与发展、协调、持续三者互相制约、互相作用的关系，建立了人与自然、人与人关系的统一解释基础和定量评判规则。该方面的研究以中国科学院1999年和2000年的《中国可持续发展战略报告》为代表。

为了全面推动可持续发展战略的实施，我国制定了《中国21世纪初可持续发展行动纲要》，这也是对2002年在南非约翰内斯堡召开的可持续发展世界首脑会议的积极响应。《中国 21 世纪初可持续发展行动纲要》提出,我国将在经济发展、社会发展、资源保护、生态保护、环境保护和能力建设六个方面推进可持续发展,其中与林业有关的方面如下:

(1)生态环境监测及安全评价。建立完善的生态环境监测与安全评估技术和标准体系,形成国家级、区域级、保护区等多层次的生态环境监测体系;采用遥感和地面监测等现代技术手段对森林、草地、湿地、农田、自然保护区、沙漠、水土保持、农业生态环境、生物多样性、大型生态建设工程、重点资源开发区及土地利用变化等进行有效监测与管理,对严重突发污染事故和海上赤潮、石油污染、沙尘暴等灾害进行应急跟踪监测;建立生态环境安全评价及预警预报系统。

(2)建设林业重点生态工程。重点保护长江上游、黄河中上游和东北国有林区天然林资源,治理水土流失、减少风沙危害、加强生物多样性保护、建立速生丰产林基地,逐步满足人们对生态环境和林副产品的需求。加快实施天然林保护、退耕还林、京津风沙源治理、三北和长江中下游地区等重点防护林建设、野生动植物及自然保护区建设和重点地区速生丰产用材林基地建设六大林业生态工程。

(3)建立自然保护区。加强现有森林生态系统、珍稀野生动物、荒漠生态系统、内陆湿地和水域生态系统等类型自然保护区建设,强化现有草原与草甸生态系统、海洋和海岸生态系统、野生植物、地质遗迹和古生物遗迹等类型自然保护区的建设;在长江、黄河等大江大河源头区域及青藏高原的重要天然湿地,西南、东北及西北荒漠地区等生物多样性丰富、原生生态系统保存较好且生态敏感区域及珍稀濒危物种的栖息地,有计划地建立一批质量高、有实效的自然保护区。合理空间布局,加强生物走廊带建设。

(4)建立生态功能保护区。加强现有生态功能保护区的建设和管理;在江河源区,长江、黄河和松花江等流域重要湿地(湖泊),塔里木河、黑河等内陆河流域,南方红壤丘陵区、黄土高原、北方土石山区,农牧交错区、干旱草原地区,近海重要渔业水域建立生态功能保护区;调整生态功能保护区内的产业结构,发展生态“友好型”产业,最大限度地减轻人为活动对生态系统的影响;坚持“封育为主,宜治则治,宜荒则荒”的原则,尽快恢复与重建其生态功能。

(5)防治土地沙化。制定适合土地沙化地区经济发展的经营机制和政策,研究、推广防治土地沙化的适应耕作制度;形成防、治、用有机结合的土地沙化防治体系;干旱沙漠边缘及绿洲类型区以保护现有植被为主,在绿洲外围建立综合防护体系;半干旱沙地类型区主要是保护和恢复林草植被;高原高寒沙化土地类型区主要是在做好现有植被保护的前提下,对人类经济活动集中地区的沙化土地进行治理;黄淮海平原半湿润、湿润沙地类型区应全面治理沙化土地并进行适度开发利用,南方湿润沙地类型区应对沙化土地进行综合治理和开发。对不具备治理条件和不宜开发利用的连片沙化土地,采取措施,严禁开发。

（6）加强水土保持。完善水土保持政策，落实国家对退耕还林、还草的各项政策，加强基本农田和草原水利建设；坚持水资源保护与开发相结合，水土流失治理与群众脱贫致富、发展地方经济相结合的原则，实施以大流域为骨干、以小流域为单元的综合治理，防止大规模开发建设过程中造成新的人为水土流失；建立工程措施、生物措施和耕作措施相结合的综合防治体系；研究、开发和推广水土保持实用技术，加强国际合作与交流，引进和推广先进技术、优良品种、管理方法及手段。

2.2.4　资源配置效率理论

对资源配置效率含义的最严谨的解释是由意大利经济学家帕累托提出的。按照帕累托的理论，如果社会资源的配置已经达到这样一种状态，即任何重新配置要使其中一人情况变好必然使其他人境况变坏，这种资源配置就是最优的，也就是具有效率的。如果达不到这种状况，既可以通过资源配置的重新调整而使某人情况变好，而同时又不使任何其他人的境况变坏，那就说明资源配置的状况不是最佳的，也是缺乏效率的。这就是著名的帕累托效率准则。

经济学家们在界定社会总效益、社会总成本、社会边际效益和社会边际成本的基础上，利用边际报酬递减原理，给出了实现资源配置效率最大化的条件：在每一种物品或服务上配置资源的社会边际效益等于其社会边际成本。用公式表示为 MSB=MSC。因这种效率只是某一时点的资源配置效率，所以被环境经济学家们称为静态效率。从可持续发展的角度出发，经济学家们又提出了代际经济效率的概念。代际经济效率是指对于当前某种效用水平，如果未来所有时点上的效用都尽可能高的话，那么这种跨代的资源配置就是有效率的。代际效率必须满足两个条件，一是部门间的投资回报率相等，二是投资回报率等于消费贴现率。

在现实经济生活中，帕累托最优实现的可能性几乎为零。大多数的经济活动都可能是以其他人的境况变坏为条件而使某些人的境况变好。帕累托效率最优只是为实行市场经济的社会提供了一种最合理的配置资源的理想状态。而帕累托改进是指在不减少一方福利的情况下，通过改变现有的资源配置而提高另一方的福利。帕累托改进可以在资源闲置或市场失效的情况下实现。在资源闲置的情况下，一些人可以生产更多并从中受益，但又不会损害另外一些人的利益，从全社会来看，"宏观上的所得要大于宏观上的所失"。如果做到了这一点，资源的配置就是具有效率的（高培勇，2012）。

从经济学意义上而言，经济学家们对于资源配置效率更倾向于卡尔多-希克斯改进。卡尔多-希克斯改进，也称卡尔多-希克斯效率（Kaldor-Hicks efficiency），于 1939 年由约翰·希克斯提出，以比较不同的公共政策和经济状态。卡尔多在1939 年发表的《经济学福利命题与个人之间的效用比较》论文中，提出"虚拟的补偿原则"作为其检验社会福利的标准。他认为，市场价格总是在变化，价格的变动肯定会影响人们的福利状况，即很可能使一些人受损，另一些人受益；但只要总体上来看益大于损，这就表明总的社会福利增加了，简言之，卡尔多的福利标准是看变动以后的结果是否得大于失。由此看来，卡尔多补偿原则是一种假想的补偿，而不是真实的补偿，它使帕氏标准宽泛化了。希克斯补充了卡尔多的福利标准，认为卡尔多原则不够完善，因为它是一种"假想中"的补偿，现实中受益者并没有对受损者进行任何补偿。他认为，判断社会福利的标准应该从长期来观察，只要政府的一项经济政策从长期来看能够提高全社会的生产效率，尽管在短时间内某些人会受损，但经过较长时间以后，所有人的境况都会由于社会生产率的提高而"自然而然地"获得补偿。

按照卡尔多-希克斯意义上的效率标准，在社会资源配置过程中，如果受益者获得的收益完全可以对受损者所受到的损失进行补偿，补偿之后有剩余，达到受益者和受损者双方均满意的结果，且经过较长时间后，所有人的境况都会由于社会生产率的提高而自然而然地获得补偿，则这种资源配置就是有效率的。在现实中，帕累托改进往往很难达到，而卡尔多-希克斯改进则更有政策意义。

2.2.5 博弈论

博弈论，又称对策论，是指在一定的规则约束下，研究相互依赖、相互影响的决策主体的理性决策行为以及这些决策的均衡结果的理论。

博弈论是经济学的标准分析工具之一，它基于公式化了的激励结构间的相互作用，主要借助数学理论和方法，研究具有斗争或竞争性质的不同主体的预测行为和实际行为，并推测它们的优化策略。博弈论的基本假定是在博弈中每个参与人都是理性的。

博弈论的要素包括局中人、策略、收益、博弈、信息、均衡和结果等。其中：①局中人，是博弈的参与者，在一场竞赛或博弈中，每一个有决策权的参与者为一个局中人。②策略，一局博弈中，每个局中人都会选择指导整个行动的、可行的、完整的方案，这被称为局中人的一个策略。③收益，这是博弈各方所追求的最终目标，它不仅与该局中人自身所选择的策略有关，而且与其他局中人所选择的一组策略有关。④博弈信息，是博弈各方对各种局势下所有局中人的收益情况的掌握程度。⑤均衡和结果，均衡即存在相对稳定的值，处于相对稳定的博弈结果。所谓纳什均衡，是指在一个策略组合中，所有的参与者面临这样一种情况，当其他人不改变策略时，他此时的策略是最好的。在纳什均衡点上，每一个理性的参与者都不会有单独改变策略的冲动。对于博弈的各局中人而言，存在着特定的博弈结果。

根据不同的标准，博弈有不同的分类。

按照参与人之间是否合作进行分类，博弈可以分为合作博弈和非合作博弈。如果相互发生作用的参与人之间具有一个对各方均有约束力的协议，就是合作博弈；如果没有，就属于非合作博弈。前者主要强调的是收益分配问题；而后者主要研究人们在利益相互影响的局势中如何使自己的收益最大，即策略选择问题。

从行为的先后顺序进行分类，博弈可以分为静态博弈和动态博弈两类。静态博弈是指在博弈中，参与人同时采取行动或虽然不是同时行动但后行动者并不知道先行动者采取了什么具体策略，如"囚徒困境"；动态博弈是指在博弈中，参与人的行动有先后顺序，且后行动者能够观察到先行动者的选择，并据此做出相应的策略选择。

按照参与人对其他参与人的了解程度，博弈可以分为完全信息博弈和不完全信息博弈。完全信息博弈是指在每一位参与人对其他所有参与人的特征、策略及收益函数都有准确了解的前提下所进行的博弈。如果每一位参与人对其他所有参与人的特征、策略及收益函数等信息了解得不够精确，或者不是对所有参与人的特征、策略及收益函数都有精确的了解，在这种情况下所进行的博弈就是不完全信息博弈。

除此之外，博弈论还有很多分类，如以博弈进行的次数或者持续长短可以分为有限博弈和无限博弈；以博弈的逻辑基础不同又可以分为传统博弈和演化博弈等。而基于本书的视角，将主要运用到完全信息静态博弈及合作博弈。

在上述理论中，公共产品理论、外部性理论揭示了林业生态补偿存在的必然性；可持续发展是林业生态补偿的经济伦理基础；而资源配置效率理论和博弈论则对优化生态补偿路径、创新生态补偿模式有着重要的指导意义。

第3章 主体功能区战略下林业生态建设的补偿机理与政策需求

3.1 林业生态建设在主体功能区规划和总体格局中的合理定位

3.1.1 林业生态建设在城市化地区的定位

城市化地区是指以提供工业品和服务产品为主体功能的地区，包括优化开发区域和重点开发区域。优化开发区域的经济比较发达、人口比较密集、开发强度较高、资源环境问题更加突出，是应该优先进行工业化、城镇化开发的城市化地区（国家发展和改革委员会，2015）。国家优化开发区域是提升国家竞争力的重要区域，是全国重要的创新区域，该区域综合实力较强，经济规模较大，城镇体系比较健全，内在经济联系紧密，区域一体化基础较好，能引领并带动全国自主创新和结构升级。省级优化开发区域则是指综合实力较强，能体现省域综合竞争力，带动全省经济发展；内在经济联系紧密，区域一体化基础较好；科技创新实力较强，是能引领全省自主创新和结构升级的城市化地区。对于不同层级、不同地域的优化开发区域，林业的生态建设功能定位也各有侧重。其中，林业生态建设在国家层面优化开发区域的功能定位，如表3.1所示。

表3.1 国家层面优化开发区域的林业生态建设功能定位

区域	包括的城市、地区	林业生态建设功能定位
环渤海地区	京津冀地区：包括北京市、天津市和河北省的部分地区	统筹区域水源保护和风沙源治理，推进防护林体系建设，构建由太行山、燕山、滨海湿地、大清河、永定河和潮白河等生态廊道组成的网状生态格局

续表

区域	包括的城市、地区	林业生态建设功能定位
环渤海地区	辽中南地区：包括辽宁省中部和南部的部分地区	构建由长白山余脉、辽河、鸭绿江、滨海湿地和沿海防护林构成的生态廊道
	山东半岛地区：包括山东省胶东半岛和黄河三角洲的部分地区	推进低山丘陵封山育林、小流域治理，加强自然保护区和海岸带保护，维护生态系统多样性
长江三角洲地区	包括上海市和江苏省、浙江省的部分地区	加强生态修复，构建以生态廊道为主体的生态格局
珠江三角洲地区	包括广东省中部和南部的部分地区	加强生态综合治理和生态修复，保护河口和海岸湿地

资料来源：根据《全国主体功能区规划》整理编制

　　重点开发区域是指有一定的经济基础、资源环境承载能力较强、发展潜力较大、集聚人口和经济的条件较好，从而应该重点进行工业化、城镇化开发的城市化地区。重点开发区域和优化开发区域的开发内容总体上相同，只是开发强度和开发方式有所不同。国家重点开发区域是落实区域发展总体战略、促进区域协调发展的重要支撑点，是全国重要的人口和经济密集区。该区域具备较强的经济基础，具有一定的科技创新能力和较好的发展潜力；城镇体系已经初步形成，具备经济一体化的条件，中心城市能够辐射带动周边地区发展，是支撑全国经济增长的重要增长极。省级重点开发区域则是全省经济发展的重要增长极，是全省重要的人口和经济密集区、县域经济发展的核心区，是统筹城乡发展的重要支撑点。

　　重点开发区域应该在保护生态环境的基础上推动经济的可持续发展，即应当减少工业化、城镇化对生态环境的影响，避免生态资源的过多占用与损耗，努力提高生态质量。与优化开发区域同理，对于不同层级、不同地域的重点开发区域，林业的生态建设功能定位也各有侧重。其中，林业生态建设在国家层面重点开发区域的功能定位，如表 3.2 所示。

表 3.2　国家层面重点开发区域的林业生态建设功能定位

区域	包括的城市、地区	林业生态建设功能定位
冀中南地区	河北省中南部以石家庄为中心的部分地区	构建由防护林、城市绿地和区域生态水网等构成的生态格局
太原城市群	山西省中部以太原为中心的部分地区	加强采煤沉陷区的生态恢复
呼包鄂榆地区	包括内蒙古自治区呼和浩特、包头、鄂尔多斯和陕西省榆林的部分地区	加强草原生态系统保护，完善农田防护林网，构建沿黄河生态涵养带

区域	包括的城市、地区	林业生态建设功能定位
哈长地区	哈大齐工业走廊和牡绥地区：包括黑龙江省哈尔滨、大庆、齐齐哈尔和牡丹江及绥芬河的部分地区	开展松嫩平原湿地修复，防治丘陵黑土地区水土流失，加快封山育林、植树造林，构建以松花江、嫩江、大小兴安岭、长白山和大片湿地为主体的生态格局
	长吉图经济区：包括吉林省长春、吉林、延边、松原的部分地区	增强长白山生态屏障功能，加强长白山森林和水源保护，构建以长白山、松花江为主体的森林、水系共生的生态格局
东陇海地区	包括江苏省东北部和山东省东南部的部分地区	加强自然保护区、重要湿地等的保护，实施矿山废弃地生态修复，构建东部沿海防护林带、北部山区森林和南部平原林网有机融合的生态格局
江淮地区	包括安徽省合肥及沿江的部分地区	加强大别山水土保持和水源涵养功能，保护巢湖生态环境
海峡西岸经济区	包括福建省、浙江省南部和广东省东部的沿海部分地区	推进水源涵养地保护
中原经济区	包括河南省以郑州为中心的中原城市群部分地区	加强黄河生态保护，推进南水北调中线工程的沿线绿化以及平原地区和沙化地区的土地治理，构建横跨东西的黄河滩区生态涵养带
长江中游地区	包括湖北省以武汉为中心的江汉平原部分地区；湖南省以长沙、株洲、湘潭为中心的湖南东中部的部分地区；江西省环鄱阳湖的部分地区	实施江湖连通生态修复工程，以河流沿线和交通干线沿线为生态廊道，构建以水域、湿地、林地等为主体的生态格局
北部湾地区	广西壮族自治区北部湾经济区以及广东省西南部和海南省西北部等环北部湾的部分地区	加强对自然保护区、生态公益林、水源保护区等的保护，构建以沿海红树林、港湾湿地为主体的沿海生态带
成渝地区	包括重庆市西部以主城区为中心的部分地区；四川省成都平原的部分地区	构建以长江、嘉陵江、乌江为主体，林地、浅丘、水面、湿地带状环绕、块状相间的生态系统，强化龙泉山等山脉的生态保护与建设
黔中地区	贵州省中部以贵阳为中心的部分地区	强化石漠化治理和大江大河防护林建设，构建长江和珠江上游地区生态屏障
滇中地区	云南省中部以昆明为中心的部分地区	加强以滇池为重点的高原湖泊治理和高原水土流失防治，构建以高原湖泊为主体，林地、水面相连，带状环绕、块状相间的高原生态格局
藏中南地区	西藏自治区中南部以拉萨为中心的部分地区	加强草原保护，增强草地生态系统功能，维护生态系统多样性，加强自然保护区建设
关中—天水地区	陕西省中部以西安为中心的部分地区和甘肃省以天水为中心的部分地区	加强渭河、泾河、石头河、黑河源头和秦岭北麓等水源涵养区的保护，修复湿地、林地、草地，构建以秦岭北麓、渭河和泾河沿岸生态廊道为主体的生态格局
兰州—西宁地区	甘肃省以兰州为中心的部分地区和青海省以西宁为中心的部分地区	治理水土流失和沙化防治，提高植被覆盖率，着力扩大绿色生态空间

续表

区域	包括的城市、地区	林业生态建设功能定位
宁夏沿黄经济区	宁夏回族自治区以银川为中心的黄河沿岸部分地区	保护和合理利用沙区资源，建设全国防沙治沙示范区，构建防风防沙生态屏障、黄河湿地生态带以及自然保护区、湿地公园、国家森林公园等为主体的生态格局
天山北坡地区	包括新疆天山以北、准噶尔盆地南缘的带状区域以及伊犁河谷的部分地区	加强伊犁草原森林生态建设，建设艾比湖流域防治沙尘与湿地保护功能区、克拉玛依—玛纳斯湖—艾里克湖沙漠西部防护区、玛纳斯—木垒沙漠东南部防护区以及供水沿线等"三区一线"生态防护体系

资料来源：根据《全国主体功能区规划》整理编制

通过表 3.1 和表 3.2 可以看出，城市化地区林业生态建设的主要功能应该定位于优化生态系统格局，加快城市森林生态屏障的构筑。在工业化、城镇化开发建设的同时，城市化地区需要把恢复生态和保护环境作为必须实现的约束性目标，加强环境治理和生态修复，保护湿地、林地和草地等，保护和修复城市之间的绿色开敞空间，强化城乡绿化，提高林草覆盖率，改善人居环境、实现人与自然的和谐共进。

3.1.2　林业生态建设在重点生态功能区的定位

重点生态功能区是指以提供生态产品为主体功能的地区，包括限制开发的重点生态功能区及禁止开发的重点生态功能区。

限制开发的重点生态功能区是指生态系统脆弱或生态功能重要、资源环境承载能力较低，不具备大规模高强度工业化、城镇化开发条件，必须把增强生态产品生产能力作为首要任务，从而应该限制进行大规模高强度工业化、城镇化开发的地区（国家发展和改革委员会，2015）。

国家层面限制开发的重点生态功能区是指生态系统十分重要，关系全国或较大范围区域的生态安全，目前生态系统有所退化，需要在国土空间开发中限制进行大规模高强度工业化城镇化开发，以保持并提高生态产品供给能力的区域。省级限制开发的重点生态功能区则是保障全省生态安全的重要区域，是实现人与自然和谐相处的区域。国家层面限制开发的重点生态功能区包括大小兴安岭森林生态功能区等 25 个地区，具体范围涉及 436 个县级行政区，总面积为 3 858 797 平方千米，占全国陆地国土面积的 40.2%，具体又可以分为水源涵养型、水土保持型、防风固沙型及生物多样性维护型四种类型。就国家层面限制开发的重点生态功能区而言，林业生态建设的功能定位，如表 3.3 所示。

表 3.3　国家限制开发重点生态功能区的林业生态建设功能定位

类型	功能区域	面积/千米²	林业生态情况综合评价	林业生态建设功能定位
水源涵养型	大小兴安岭森林生态功能区	346 997	森林覆盖率高，具有完整的寒温带森林生态系统，是松嫩平原和呼伦贝尔草原的生态屏障。目前，原始森林受到较严重的破坏，出现不同程度的生态退化现象	加强天然林保护和植被恢复，大幅度调减木材产量，对生态公益林禁止商业性采伐，植树造林，涵养水源，保护野生动物
	长白山森林生态功能区	111 857	拥有温带最完整的山地垂直生态系统，是大量珍稀物种资源的生物基因库。目前，森林破坏导致环境改变，威胁多种动植物物种的生存	禁止非保护性采伐，植树造林，涵养水源，防止水土流失，保护生物多样性
	阿尔泰山地森林草原生态功能区	117 699	森林茂密，对北疆地区绿洲开发、生态环境保护和经济发展具有较高的生态价值。目前，草场植被受到严重破坏	禁止非保护性采伐，合理更新林地，保护天然草原
	三江源草原草甸湿地生态功能区	353 394	是全球大江大河、冰川、雪山及高原生物多样性最集中的地区之一，对全球气候变化有巨大的调节作用。目前，草原退化、湖泊萎缩、鼠害严重，生态系统功能受到严重破坏	封育草原，治理退化草原，减少载畜量，涵养水源，恢复湿地，实施生态移民
	若尔盖草原湿地生态功能区	28 514	湿地泥炭层深厚，对黄河流域的水源涵养、水文调节和生物多样性维护有重要作用。目前，湿地疏干垦殖和过度放牧导致草原退化、沼泽萎缩	停止开垦，禁止过度放牧，恢复草原植被，保持湿地面积，保护珍稀动物
	甘南黄河重要水源补给生态功能区	33 827	在维系黄河流域水资源和生态安全方面有重要作用。目前，草原退化沙化严重，森林和湿地面积锐减，水土流失加剧，生态环境恶化	加强天然林、湿地和高原野生动植物保护，实施退牧还草、退耕还林还草、牧民定居和生态移民
	祁连山冰川与水源涵养生态功能区	185 194	对维系甘肃河西走廊和内蒙古西部绿洲的水源具有重要作用。目前，草原退化严重，生态环境恶化，冰川萎缩	围栏封育天然植被，降低载畜量，涵养水源，防止水土流失，加强生态保护和综合治理

续表

类型	功能区域	面积/千米²	林业生态情况综合评价	林业生态建设功能定位
水源涵养型	南岭山地森林及生物多样性生态功能区	66 772	有丰富的亚热带植被。目前,原始森林植被破坏严重,滑坡、山洪等灾害时有发生	禁止非保护性采伐,保护和恢复植被,涵养水源,保护珍稀动物
水土保持型	黄土高原丘陵沟壑水土保持生态功能区	112 050.5	黄土堆积深厚、范围广大,土地沙漠化敏感程度高,对黄河中下游生态安全具有重要作用。目前,坡面土壤侵蚀和沟道侵蚀严重	控制开发强度,以小流域为单元综合治理水土流失
	大别山水土保持生态功能区	31 213	淮河中游、长江下游的重要水源补给区,土壤侵蚀敏感程度高。目前,山地生态系统退化,水土流失加剧,加大了中下游洪涝灾害发生率	实施生态移民,降低人口密度,恢复植被
	桂黔滇喀斯特石漠化防治生态功能区	76 286.3	属于以岩溶环境为主的特殊生态系统,生态脆弱性极高,土壤一旦流失,生态恢复难度极大。目前,生态系统退化问题突出,植被覆盖率低,石漠化面积加大	封山育林育草,种草养畜,实施生态移民,改变耕作方式
	三峡库区水土保持生态功能区	27 849.6	目前,森林植被破坏严重,水土保持功能减弱,土壤侵蚀量和入库泥沙量增大	巩固移民成果,植树造林,恢复植被,涵养水源,保护生物多样性
防风固沙型	塔里木河荒漠化防治生态功能区	453 601	目前,生态系统退化明显,胡杨木等天然植被退化严重,绿色走廊受到威胁	禁止过度开垦,恢复天然植被,防止沙化面积扩大
	阿尔金草原荒漠化防治生态功能区	336 625	气候极为干旱,地表植被稀少,保存着完整的高原自然生态系统,拥有许多极为珍贵的特有物种,土地沙漠化敏感程度极高。目前,鼠害肆虐,土地荒漠化加速,珍稀动植物的生存受到威胁	控制放牧和旅游区域范围,保护珍稀动物
	呼伦贝尔草原草甸生态功能区	45 546	以草原草甸为主,产草量高,但土壤质地粗疏,多大风天气,草原生态系统脆弱。目前,草原过度开发造成草场沙化严重,鼠虫害频发	禁止过度开垦、不适当樵采和超载过牧,退牧还草,防治草场退化沙化
	科尔沁草原生态功能区	111 202	地处温带半湿润与半干旱过渡带,气候干燥,多大风天	根据沙化程度,加强综合治理

续表

类型	功能区域	面积/千米²	林业生态情况综合评价	林业生态建设功能定位
防风固沙型	科尔沁草原生态功能区	111 202	气，土地沙漠化敏感程度极高。目前，草场退化、盐渍化和土壤贫瘠化严重，为我国北方沙尘暴的主要沙源地，对东北和华北地区生态安全构成威胁	根据沙化程度，加强综合治理
	浑善达克沙漠化防治生态功能区	168 048	以固定、半固定沙丘为主，干旱频发，多大风天气，是北京乃至华北地区沙尘的主要来源地。目前，土地沙化严重，干旱缺水，对华北地区生态安全构成威胁	采取植物和工程措施，加强综合治理
	阴山北麓草原生态功能区	96 936.1	气候干旱，多大风天气，水资源贫乏，生态环境极为脆弱，风蚀沙化土地比重高。目前，草原退化严重，为沙尘暴的主要沙源地，对华北地区生态安全构成威胁	封育草原，恢复植被，退牧还草，降低人口密度
生物多样性维护型	川滇森林及生物多样性生态功能区	302 633	原始森林和野生珍稀动植物资源丰富，是大熊猫、羚牛、金丝猴等重要物种的栖息地，在生物多样性维护方面具有十分重要的意义。目前，山地生态环境问题突出，草原超载过牧，生物多样性受到威胁	保护森林、草原植被，保护生物多样性和多种珍稀动植物基因库
	秦巴生物多样性生态功能区	140 004.5	生物多样性丰富，是许多珍稀动植物的分布区。目前，水土流失和地质灾害问题突出，生物多样性受到威胁	减少林木采伐，恢复山地植被，保护野生物种
	藏东南高原边缘森林生态功能区	97 750	主要以亚热带常绿阔叶林为主，山高谷深，天然植被仍处于原始状态，对生态系统保育和森林资源保护具有重要意义	保护自然生态系统
	藏西北羌塘高原荒漠生态功能区	494 381	高原荒漠生态系统保存较为完整，拥有藏羚羊、黑颈鹤等珍稀特有物种。目前，土地沙化面积扩大，病虫害和融洞滑塌等灾害增多，生物多样性受到威胁	加强草原草甸保护，保护野生动物

续表

类型	功能区域	面积/千米²	林业生态情况综合评价	林业生态建设功能定位
生物多样性维护型	三江平原湿地生态功能区	47 727	原始湿地面积大,湿地生态系统类型多样,在蓄洪防洪、抗旱、调节局部地区气候、维护生物多样性、控制土壤侵蚀等方面具有重要作用。目前,湿地面积减小和破碎化,面源污染严重,生物多样性受到威胁	扩大保护范围,控制农业开发和城市建设强度,改善湿地环境
	武陵山区生物多样性及水土保持生态功能区	65 571	属于典型亚热带植物分布区,拥有多种珍稀濒危物种。目前,土壤侵蚀较严重,地质灾害较多,生物多样性受到威胁	扩大天然林保护范围,巩固退耕还林成果,恢复森林植被和生物多样性
	海南岛中部山区热带雨林生态功能区	7 119	热带雨林、热带季雨林的原生地,是我国最大的热带植物园和最丰富的物种基因库之一。目前,由于过度开发,雨林面积大幅减少,生物多样性受到威胁	加强热带雨林保护,遏制山地生态环境恶化

资料来源:根据《全国主体功能区规划》整理编制

　　禁止开发的重点生态功能区是依法设立的各级各类自然文化资源保护区域以及其他禁止进行工业化、城镇化开发,需要特殊保护的重点生态功能区。国家层面的禁止开发区域,是指有代表性的自然生态系统、珍稀濒危野生动植物物种的天然集中分布地、有特殊价值的自然遗迹所在地和文化遗址等,需要在国土空间开发中禁止进行工业化、城镇化开发的重点生态功能区,包括国家级自然保护区、世界文化自然遗产、国家级风景名胜区、国家森林公园和国家地质公园。省级层面的禁止开发区域,包括省级及以下各级各类自然文化资源保护区域、重要水源地及其他省级人民政府根据需要确定的需要特殊保护的区域。

　　森林公园具有保护森林风景资源和生物多样性、传播森林生态文化、开展森林生态旅游的主体功能。截至 2014 年年底,全国共建立森林公园(含国家级森林旅游区)3 101 处,规划总面积 1 780.54 万公顷,其中国家级森林公园 792 处,面积 1 226.10 万公顷,有 18 处森林公园纳入世界遗产地保护范围,有 17 处森林公园纳入世界地质公园保护范围。各地共投入森林公园基础设施建设资金 457.70 亿元。2010~2014 年林业系统野生动植物保护及自然保护区工程建设情况,如表 3.4 所示。

表 3.4　2010~2014 年林业系统野生动植物保护及自然保护区工程建设情况表

建设项目	单位	2010 年	2011 年	2012 年	2013 年	2014 年
一、年末实有自然保护区个数	个	2 035	2 126	2 150	2 163	2 174
其中：国家级	个	247	263	286	325	344
二、年末实有自然保护区面积	万公顷	12 371	12 269	12 487	12 447	12 470
其中：国家级	万公顷	7 597	7 629	7 714	7 874	8 113
三、年末实有自然保护小区个数	个	48 783	48 726	48 633	48 675	48 376
年末实有自然保护小区面积	万公顷	1 588	1 146	1 205	974	1 058
四、野生植物就地保护点个数	个	351	622	688	786	901
野生植物就地保护点面积	万公顷	476	439	424	400	355
五、国际重要湿地个数	个	37	41	41	46	46
国际重要湿地面积	万公顷	391	371	371	400	400
六、野生动物种源繁育基地	个	560	2 485	4 137	4 403	5 892
七、野生植物种源培育基地	个	503	533	976	827	1 070
八、野生动物园个数	个	61	33	38	50	50
九、植物园（树木园）个数	个	87	108	117	176	180
十、野生动植物保护管理站	个	5 456	4 607	4 383	4 293	4 544
十一、鸟类环志中心（站）个数	个	148	114	95	102	116
十二、野生动植物科研及监测机构个数	个	663	736	626	560	633
十三、从事野生动植物及自然保护区建设的职工人数	人	48 723	47 081	50 204	51 865	52 700
十四、野生动植物及自然保护区建设投资完成额	万元	100 107	114 253	132 938	148 874	198 224

资料来源：根据 2011~2015 年《中国林业统计年鉴》以及调研资料整理、编制

　　从表 3.4 可以看出，林业系统自然保护区总数由 2010 年的 2 035 个增加到 2014 年的 2 174 个，增加了 6.83%；其中，国家级自然保护区个数由 2010 年的 247 个增加到 2014 年的 344 个，增幅为 39.27%。野生动物种源繁育基地由 2010 年的 560 个增加到 2014 年的 5 892 个，增幅为 952.14%；野生植物种源培育基地由 2010 年的 503 个增加到 2014 年的 1 070 个，增幅为 112.72%；野生动植物及自然保护区建设投资完成额由 2010 年的 100 107 万元增加到 2014 年的 198 224 万元，增幅为 98.01%。这说明，国家对保护森林、湿地生态系统及珍稀动植物资源的高度重视，林业生态建设进程在加快；同时，也体现出林业生态建设的难度在加大。

综上所述，重点生态功能区是林业生态建设最重要的区域，其生态环境状态关系着我国生态安全的总体格局。重点生态功能区的林业生态建设主要应围绕天然林资源保护、退耕还林、宜林荒山荒地人工造林、飞播造林、封山育林、低效林改造、各种公益林体系的营造和管护、自然保护区及森林公园的保护和建设展开。

重点生态功能区林业生态建设的功能应当定位于：增强涵养水源、防沙固沙、保持水土、维护生物多样性和保护森林资源等生态服务功能，改善生态环境质量；恢复退化植被，有效控制水土流失和荒漠化，使草原面积保持稳定、草原植被得到恢复。在上述基础上，扩大天然林面积，提高森林覆盖率，增加森林蓄积量；保护森林、湿地、草原生态系统，保持并恢复野生动植物物种和种群的平衡，保护珍稀动植物基因资源。

3.2 主体功能区林业生态建设补偿的机理

3.2.1 市场机制在林业生态建设领域的失效

林业生态建设中存在着许多的公共产品或准公共产品，如生态防护林体系、自然保护区、森林公园、沿江绿化带等。

市场作为一种有效率的经济运行机制，是独立经济主体以自身利益的最大化为基本动力，以价格为行为信号，去适应环境、实现资源的有效配置。在理想的市场上，社会边际成本恰好等于社会边际收益（图 3.1）。

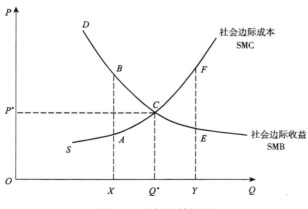

图 3.1　市场失效图示

曲线 D 代表产品的社会边际价值，曲线 S 代表社会生产一定数量的产品所付出的代价。在一定的生产量水平下，社会的获利情况可用曲线 D 以下的面积来表示，在产量为 Q^* 时，社会净收益水平达到最佳，此时的均衡价格为 P^*。如果产量大于或小于 Q^*（如 X 和 Y），社会都将遭到损失（图 3.1 中 ABC 或 CEF 所代表的面积）。

在林业生态建设中，当个别林业生态产品生产的边际成本曲线 PMC 或边际收益曲线 PMB 与理想的社会边际成本曲线 SMC 或社会边际收益曲线 SMB 不一致时，市场机制的运行就不能实现森林资源配置的理想状态；反过来说，只有当 SMB=SMC 及 PMB=SMB、PMC=SMC 时，社会资源配置才是最有效率的。事实上，市场运行结果本身的缺陷，将会不可避免地导致市场对林业生态建设领域调节的失误和偏差。

3.2.2 弥补林业生态建设的成本

资源与环境问题是制约社会经济可持续发展的主要因素。长期以来，由于人类对自然生态系统进行了前所未有的改造，全球已经出现了森林大面积消失、土地沙漠化扩展、湿地不断退化、物种加速灭绝、水土严重流失、严重干旱缺水、洪涝灾害频发和全球气候变暖八大生态危机，对人类生存发展构成了巨大威胁。我国也面临着自然生态系统脆弱、生态破坏严重、生态产品短缺、生态差距巨大、生态灾害频繁和生态压力剧增等严峻形势（赵树丛，2013）。2009~2013 年，违法违规侵占林地年均 200 万亩，2004~2013 年湿地面积年均减少 510 万亩，沙化和石漠化土地占国土面积近 20%，有 900 多种脊椎动物、3 700 多种高等植物受到生存威胁，森林病虫害发生面积 1.75 亿亩以上。全面保护天然林的任务十分繁重。生态空间受到严重挤压，生态承载力已经接近或超过临界点（国家林业局，2016）。生态破坏严重、生态灾害频繁、生态压力巨大已成为全面建成小康社会的最大瓶颈。

严重的生态环境问题对发展森林资源提出了迫切要求，林业面临着艰巨而繁重的生态建设任务，确保我国国土生态安全已是当务之急。近年来，我国投入了大量的财政资金，设立和启动了许多发展森林资源方面的项目，经重新整合后的林业六大重点工程中有五个是生态建设工程，生态环境安全由此成为林业优先发展的目标。

在全球森林资源持续减少的大背景下，我国实现了森林面积和蓄积量的双增长，全国森林面积由 1992 年的 1.34 亿公顷增加到 2014 年的 2.08 亿公顷；森林覆盖率由 13.92%增加到 21.63%；森林蓄积量由 101 亿立方米增加到 151.37 亿立方米。森林面积和森林蓄积分别位居世界第 5 位和第 6 位，人工林面积仍居世界首位。具体情况如表 3.5 所示。

表 3.5　历次森林资源清查结果主要指标情况表

清查期	森林面积/万公顷	森林蓄积/万米³	森林覆盖率/%
第一次（1973~1976 年）	12 186.00	865 579.00	12.7
第二次（1977~1981 年）	11 527.74	902 795.33	12.0
第三次（1984~1988 年）	12 465.28	914 107.64	12.98
第四次（1989~1993 年）	13 370.35	1 013 700.00	13.92
第五次（1994~1998 年）	15 894.09	1 126 659.14	16.55
第六次（1999~2003 年）	17 490.92	1 245 584.58	18.21
第七次（2004~2008 年）	19 545.22	1 372 080.36	20.36
第八次（2009~2013 年）	20 768.73	1 513 729.72	21.63

资料来源：国家林业局

通过表 3.5 可以看出，从改革开放以来，尤其是可持续发展理念确定之后，森林资源有了很快的增长。我国通过财政专项投入、财政补助、生态效益补偿和国债等政策手段全面加强林业生态建设，使我国森林资源进入了数量增长、质量提升的稳步发展时期，这充分体现出林业生态建设所做出的贡献。以林业重点生态工程为例，其造林面积与投入的具体情况如表 3.6 所示。

表 3.6　2001~2014 年林业重点生态工程完成的造林面积及投入情况表

年份	造林面积/千公顷	总投入额/万元	国家投入额/万元	国家投入额占总投入额比重/%
2001	3 160.18	1 774 882	1 343 688	75.71
2002	6 777.38	2 518 743	2 222 187	88.23
2003	8 262.78	3 286 754	2 952 530	89.83
2004	4 802.85	3 465 777	2 960 990	85.44
2005	3 109.10	3 564 850	3 187 937	89.44
2006	2 810.80	3 478 654	3 224 661	92.70
2007	2 681.65	3 400 799	2 973 627	87.44
2008	3 437.50	4 132 555	3 584 114	86.73
2009	4 596.24	5 007 250	4 139 608	82.67
2010	3 669.65	4 619 958	3 559 691	77.05
2011	3 093.87	5 207 876	4 265 420	81.90
2012	2 753.93	5 150 887	3 957 889	76.84
2013	2 568.95	5 212 638	4 289 799	82.30
2014	1 926.87	6 461 278	5 300 366	82.03

注：表中林业重点生态工程包括天然林资源保护工程、退耕还林工程、三北及长江流域等防护林建设工程及京津风沙源治理工程

资料来源：根据《2015 中国林业发展报告》及《2014 中国林业统计年鉴》计算、整理编制

通过表 3.6 可知，林业重点生态工程建设所需资金主要来源于国家财政，平均占总投入额的 84.16%左右。除个别年份（2007 年、2010 年和 2012 年）之外，国家投入额的绝对数呈总体上升趋势；造林面积在 2002 年、2003 年大幅增长之后，从 2004 年开始逐年下降，经历了 2008 年、2009 年的小幅上升后，2010 年又逐年下降。造林面积、国家投入额的变动情况分别如图 3.2 和图 3.3 所示。

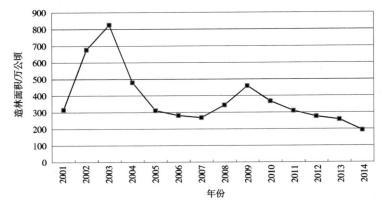

图 3.2　2001~2014 年林业重点生态工程造林面积变化图

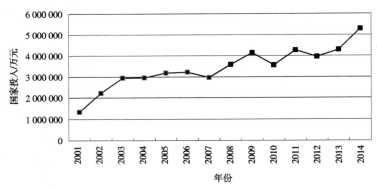

图 3.3　2001~2014 年林业重点生态工程国家投入情况变化图

为了进一步考察林业生态建设与国家投入的关联关系，可以引入相关系数的模型来加以分析：

$$R = \frac{\sum_{i=1}^{n}(X_i - \overline{X})(Y_i - \overline{Y})}{\sqrt{\sum_{i=1}^{n}(X_i - \overline{X})^2} \cdot \sqrt{\sum_{i=1}^{n}(Y_i - \overline{Y})^2}}$$

其中，R 代表相关系数；$\sum$ 表示各项数值之和；X_i 代表第 i 年林业重点生态工程完成的造林面积；Y_i 代表第 i 年的国家财政投入；n 代表所统计的总年数；$\overline{X}$ 为 X_i

的平均值；$\overline{Y}$ 为 Y_i 的平均值。

将表 3.6 的相关数据代入，可以得出：

2001~2003 年造林面积与国家财政投入的相关系数 $R_1 = 0.983\,2$。

2004~2010 年造林面积与国家财政投入的相关系数 $R_2 = 0.391\,9$。

2011~2014 年造林面积与国家财政投入的相关系数 $R_3 = -0.854\,1$。

2001~2003 年造林面积与国家财政投入的关联度最高（相关系数为 0.983 2，接近 1），而这期间的价格波动不大，物价上涨因素的影响很小。这一方面说明政府通过林业生态发展目标的制定及强有力的政策措施能够在较短的时间内对林业生态建设进行大量投入；另一方面，说明森林资源的增长离不开国家的投入，国家宏观政策导向及规划对林业生态环境建设进程的影响度非常高，2001~2003 年林业重点生态工程累计造林面积为 1 804.54 万公顷，相当于 1986~1997 年所完成的造林面积。

2004~2010 年造林面积与国家财政投入的关联关系有所下降（相关系数为 0.391 9）；而 2011~2014 年造林面积与国家财政投入为负相关（相关系数为 -0.854 1），即虽然国家投入趋势是增加的，但造林面积却在下降。除了退耕还林工程"造林在先、验收补助在后"的影响之外，造成相关性下降甚至负相关的最主要原因是造林的成本在不断提高，推进林业生态建设向纵深发展的难度加大。另外也体现出，林业生态建设模式由单纯的以面积扩张为主向开发、满足社会对林业的多种生态需求转变的趋势。

在主体功能区战略下，林业作为维护生态安全、生产生态产品的主体部门，担负着生态建设的重任。根据林业发展"十三五"规划，林业生态建设的近期主要任务如下：一是保护森林、湿地生态系统，治理荒漠生态系统，维护野生动植物及生物多样性，划定生态安全红线。二是进行生态修复，对尚未遭受破坏的生态系统进行严格保护，实施好野生动植物保护及自然保护区建设等工程；对遭受一定程度破坏的生态系统，加强保护、休养生息，实施好天然林资源保护、湿地保护与恢复等工程；对很难自我恢复或需要漫长时间才能恢复的生态系统，通过人工辅助措施，加快恢复步伐，实施好三北防护林、京津风沙源治理等工程；对已完全破坏的生态系统，通过人工措施加以恢复重建，实施好退耕还林、石漠化治理和农田防护林等工程。三是构建生态安全格局。根据国家主体功能区战略确定的构建"两屏三带"为主体的生态安全战略格局，建设东北森林屏障、北方防风固沙屏障、东部沿海防护林屏障、西部高原生态屏障、长江流域生态屏障、黄河流域生态屏障、珠江生态屏障、中小河流及库区生态屏障、平原农区生态屏障及城市森林生态屏障十大国土生态安全屏障。四是加快城乡绿化，创建森林城市、森林乡镇和森林村庄。五是大力发展森林公园、湿地公园和自然保护区。六是增加森林碳汇。我国现有森林每公顷年均生长量约为 3.85 立方米，其储碳量仅为其潜力的 40%左右。通过加强森林经营，将森林年均生长量提高 1 倍以上，森林碳汇也将相应增加 1 倍以上，为我国应对气候变化提供战略支撑。

目前，我国 60%以上的宜林地集中在三北、南方石漠化及干热河谷等地区，立地条件差，造林成本高。而建设难度的不断增加及成本的不断加大，使建设任务与可供资金的矛盾将会更加突出，林业生态建设对资金的需求更加迫切。而改善生态环境是社会的共同需要，无法通过市场机制自行解决，也无法全部由国家投入，只能借助于再分配功能来予以平衡。这就需要完善林业生态补偿政策，从而形成新的突破口，推进林业生态建设的进程。

3.2.3　协调不同主体功能区之间的利益冲突

主体功能区的规划是一种对既得利益的再分配和对未来利益格局的重新规划，这必须要借助于一定的利益流通机制和利益补偿机制才能得以实现。优化开发和重点开发区域主体功能定位的形成，主要依靠市场机制发挥作用，政府主要是引导生产要素向这类区域集聚。而限制开发和禁止开发区域主体功能定位的形成，则需要借助于补偿机制来约束不符合主体功能定位的开发行为，以引导地方政府和市场主体自觉推进主体功能建设。

重点生态功能区的主体功能是提供全国或区域性的生态产品。按照主体功能区划的基本理念，重点生态功能区的林业生态建设需要对妨碍其主体功能实现的产业，如森林资源采伐、林产化工等进行限制，而这些产业在现阶段利润率最高，对增加地方财政收入和带动区域经济增长效果最为明显。在重点生态功能区林业生态建设过程中，地方政府按照规划要求也必须承担一定数额的资金投入，以进行生态建设和修复。地方政府不但要禁止森林资源的非保护性采伐、限制相应林产工业的发展，还要将大量资金投入到封山育林、森林防火及管护等工作中去，而且由限伐所导致的转产人员也需要妥善安置。这些方面的投入往往是巨大的，致使地方财政背负沉重的负担。重点生态功能区林业生态建设过程中有时会需要进行生态移民，导致该区域公共服务效率有所降低。

综上所述，重点生态功能区林业生态建设往往会导致该区域丧失发展机会、承担额外的生态建设成本、降低公共服务效率。基于效率与公平的视角，任何区域都有开发自然资源、发展经济、获取经济利益的权利，如果损失得不到弥补、利益得不到平衡就会引发各种矛盾，阻碍重点生态功能区主导功能的顺利实现。而生态补偿的一个重要功能就在于通过经济、政策和市场等手段，来协调各方的利益冲突，促进限制开发区和禁止开发区生态修复并调动其生态保护的积极性，它在空间上能够兼顾局部利益与整体利益，在时间上能够兼顾短期目标与长期目标，在内容上能够兼顾生态、经济和社会等多个方面。

因此，应当建立、健全主体功能区林业生态建设补偿制度，以公共服务均等化为标准，通过激励性和协调性制度安排对重点生态功能区的地方政府、企业和居民进行补偿，实现生态补偿的社会化、市场化和法制化，化解利益对立的局面，加快缩小不同主体功能区之间的区域公共服务水平，实现社会、经济、生态的可持续及健康发展。

3.3　林业生态建设补偿的实施情况

我国现行政策对林业生态建设补偿的调节主要是通过国民收入分配中财政资金的配置结构和分配关系，运用财政分配工具来实现的。其运用主要体现在两个方面：一是利用财政支出政策工具，主要通过财政预算支出方案的差别，体现国家对林业生态建设的扶持；二是利用财政收入政策工具，借助于税收杠杆来传递宏观调控的意图，调节和补偿林业生态建设过程中不同经营者的边际成本。

3.3.1　财政专项资金补偿

财政专项资金对林业生态建设的补偿主要是以林业重点生态工程的形式进行的，其主要是对项目区的地方政府和居民提供资金、实物和技术支持，通过督促地方政府职责的履行以达到中央和地方共同的生态支出责任，达到中央政府的生态建设与修复的目的。

1. 天然林资源保护工程

天然林资源保护工程以从根本上遏制生态环境恶化，保护生物多样性，促进社会、经济的可持续发展为宗旨，以维护和改善生态环境为根本目的，对天然林进行重新分类和区划以调整森林资源的经营方向，促进天然林资源的保护、培育和发展，是林业实现由以木材生产为主向以生态建设为主的历史性转变。

1998 年下半年，天然林资源保护工程在天然林分布比较集中、生态地位十分重要的地区试点启动。2000 年 10 月，国务院批准了《长江上游、黄河上中游地区天然林资源保护工程实施方案》和《东北、内蒙古等重点国有林区天然林资源保护工程实施方案》。天然林资源保护工程一期从 2000 年至 2010 年，工程实施范围为长江上游地区（以三峡库区为界）、黄河上中游地区（以小浪底库区为界）和东北、内蒙古、新疆、海南等 17 个省（自治区、直辖市）；二期从 2011 年至 2020 年，实施范围在一期原有范围基础上，增加了丹江口库区的 11 个县（区、市），其中湖北 7 个、河南 4 个。目前，天然林资源保护工程已进入二期关键建设阶段，主要目标是到 2020 年，新增森林面积 7 800 万亩、森林蓄积 11 亿立方米、碳汇 4.16 亿吨；工程区水土流失明显减少，生物多样性明显增加，同时为林区提供就业岗位 64.85 万个，基本解决转岗就业问题，实现林区社会和谐稳定。

根据财政部、国家林业局 2011 年颁布实施的《天然林资源保护工程财政专项资金管理办法》，财政用于天然林资源保护工程的专项资金，包括森林管护费、中央财政天然林资源保护工程森林生态效益补偿基金、森林抚育补助费、社会保险补助费和政策性社会性支出补助费。

森林管护费包括国有林管护费，以及集体和个人所有的地方公益林管护费补助。其中，国有林管护费标准为每亩每年 5 元；集体和个人所有的地方公益林管护费补助标准为每亩每年 3 元。

中央财政天然林资源保护工程森林生态效益补偿资金是指中央财政对天然资源保护工程区内集体和个人所有的国家级公益林安排的森林生态效益补偿基金。中央财政森林生态效益补偿基金的标准为每亩每年 10 元。

森林抚育补助费是专项用于天然林资源保护工程国有中幼林抚育所发生的各项经费支出，补助标准为每亩 120 元。

政策性社会性支出补助费是指专项用于各级实施单位承担的政策性社会性支出补助，包括教育经费、医疗卫生经费、公检法司经费、政府经费、社会公益事业经费和改革奖励资金。其中，教育经费的标准为人年均补助 30 000 元；长江上游、黄河上中游地区人年均医疗卫生经费标准补助为 15 000 元，东北、内蒙古等重点国有林区人年均医疗卫生经费补助标准为 10 000 元。公检法司经费是指实施单位承担的公安局、检察院、法院、司法局和安全局的经费支出。公检法司经费的标准为人年均补助 12 000 元，大兴安岭林业集团公司人年均补助 15 000 元。政府经费是指各级政企合一实施单位承担的政府事务类经费支出。政府经费的标准为人年均补助 30 000 元；社会公益事业经费是指各级实施单位承担的消防、环卫、街道、广播电视、供水和供热等社会公益事业单位的经费支出，主要保障人员经费支出。

从 2011 年起，中央财政大幅度提高了森林管护费、社会保险补助费和政策性社会性支出补助费等补助标准；2012 年，中央财政增加了天然林资源保护工程二期的一次性补助资金 50.57 亿元，支持解决林区安置职工社会保险缴费困难问题；

从 2014 年起，经国务院批准，在黑龙江重点国有林区全面停止天然林商业性采伐，中央财政新增资金用于保障林区社会运转和干部职工基本生活。2011~2014 年，中央财政累计拨付天然林资源保护工程二期资金 637.4 亿元，平均每年拨付 159.35 亿元。

2. 退耕还林工程

1999 年，四川、陕西、甘肃三省率先开展了退耕还林试点，2002 年，退耕还林工程全面启动。退耕还林工程是我国投资规模最大的生态工程，也是涉及面最广、工序最复杂的生态工程。该工程按照生态优先的原则，主要针对那些生态功能重要、农作物产量不高且收益不稳定的耕地实施退耕还林。退耕还林工程建设范围包括北京、天津、河北、山西、内蒙古、辽宁、吉林、黑龙江、安徽、江西、河南、湖北、湖南、广西、海南、重庆、四川、贵州、云南、西藏、陕西、甘肃、青海、宁夏和新疆 25 个省（自治区、直辖市）和新疆生产建设兵团，共 1 897 个县（市、区、旗）。

退耕还林工程通过政策引导农民自愿参与，给予退耕的农民和地方政府相应的补偿。在退耕还林工程第一个建设周期，国家无偿向退耕户提供粮食补助，每亩退耕地每年补助粮食（原粮）的标准如下：长江流域及南方地区为 150 千克，黄河流域及北方地区为 100 千克。

从 2004 年起，将向退耕户补助的粮食改为现金补助，中央按每千克粮食（原粮）1.40 元计算，包干给各省、自治区、直辖市。国家还无偿向退耕户提供现金补助：每亩退耕地每年补助现金 20 元，同时向退耕户提供种苗和造林费补助，补助标准按每亩 50 元计算。

2007 年，对退耕农户的直接补助标准如下：长江流域及南方地区每亩退耕地每年补助现金 105 元；黄河流域及北方地区每亩退耕地每年补助现金 70 元。原每亩退耕地每年 20 元生活补助费，继续直接补助给退耕农户，并与管护任务挂钩。补助期为，还生态林补助 8 年，还经济林补助 5 年，还草补助 2 年。

此外，中央财政还安排了巩固退耕还林成果专项资金，主要用于西部地区、京津风沙源治理区和享受西部地区政策的中部地区退耕农户的基本口粮田建设、农村能源建设、生态移民及补植补造。

2013 年，国家提高了巩固退耕还林成果部分项目的补助标准，将基本口粮田建设补助标准南方由 600 元/亩提高到 750 元/亩、北方由 400 元/亩提高到 500 元/亩，补植补造补助标准由 50 元/亩提高到 100 元/亩。2014 年，国务院批准了《新一轮退耕还林还草总体方案》，到 2020 年，将全国具备条件的坡耕地和严重沙化耕地约 4 240 万亩退耕还林还草。其中包括：25 度以上坡耕地 2 173 万亩，严重沙化耕地 1 700 万亩，丹江口库区和三峡库区 15~25 度坡耕地 370 万亩。中央统一对退耕还林农户每亩补助 1 500 元，退耕还林补助资金分三次下达给省级人民政府，每亩第一年 800 元（其中，种苗造林费 300 元）、第三年 300 元、第五年 400元。

3. 京津风沙源治理工程

在 2000 年试点的基础上，2001 年京津风沙源治理工程正式启动。它是为固土防沙，减少京津沙尘天气而出台的一项针对京津周边地区土地沙化的治理措施。京津风沙源治理工程一期从 2001 年至 2010 年，建设范围西起内蒙古的达茂旗，东至河北的平泉县，南起山西的代县，北至内蒙古的东乌珠穆沁旗，东西横跨近 700 千米，南北纵跨近 600 千米，涉及北京、天津、河北、山西、内蒙古五省（自治区、直辖市）的 75 个县（市、区、旗）。总国土面积为 45.8 万平方千米，沙化土地面积 10.18 万平方千米。国家累计安排资金 412 亿元，累计完成退耕还林和造林 9 002 万亩，草地治理 1.3 亿亩，小流域综合治理 1.18 万平方千米，生态移民 17 万多人。工程区森林覆盖率提高到 15%。

京津风沙源治理二期工程将截止到 2022 年，工程区范围扩大至包括陕西在内 6 个省（自治区、直辖市）的 138 个县（市、区、旗）。建设任务包括加强林草植被保护和建设，提高现有植被质量和覆盖率，加强重点区域沙化土地治理，遏制局部区域流沙侵蚀，降低区域生态压力等，总投资将达 877.92 亿元。

4. 三北及长江流域等重点防护林体系工程

三北防护林体系工程是一项正在我国北方实施的巨型生态体系建设工程，工程地跨东北西部、华北北部和西北大部分地区，包括陕西、甘肃、宁夏、青海、新疆、山西、河北、北京、天津、内蒙古、辽宁、吉林、黑龙江 13 个省（自治区、直辖市）的 551 个县（市、区、旗），建设范围东起黑龙江的宾县，西至新疆的乌孜别里山口，北抵国界线，南沿天津、汾河、渭河、洮河下游、布长汗达山、喀喇昆仑山，东西长 4 480 千米，南北宽 560~1 460 千米，总面积为 406.9 万平方千米，占国土面积的 42.4%，接近我国的半壁河山。三北防护林体系工程从 1978 年开始到 2050 年分三个阶段八期工程，共需完成造林 5.34 亿亩，三北地区的森林覆盖率将由 5.05%提高到 14.95%，从根本上改善三北地区的生态环境。

三北防护林体系建设工程启动实施后，为从根本上扭转我国长江、珠江、海河等大江大河及沿海地区生态环境不断恶化的状况，我国又启动了长江中上游防护林工程、沿海防护林工程、平原绿化工程、太行山绿化工程、珠江流域防护林建设工程。三北及长江流域等重点防护林体系工程的投资情况如表3.7所示。

表 3.7　三北及长江流域等重点防护林体系工程投资情况表（单位：万元）

年份	投资情况	三北及长江流域等重点防护林体系工程						
		小计	三北防护林工程	长江流域防护林工程	沿海防护林工程	珠江流域防护林工程	太行山绿化工程	平原绿化工程
1979~1989	实际完成投资	62 295	53 781	1 167	—	—	7 347	—
	其中：国家投资	35 443	33 076	427	—	—	1 940	—
1990	实际完成投资	25 537	16 733	6 676	—	—	2 128	—
	其中：国家投资	13 469	10 291	2 616	—	—	562	—
1991	实际完成投资	34 949	19 750	7 747	5 214	—	2 238	—
	其中：国家投资	20 247	14 315	3 205	1 983	—	744	—
1992	实际完成投资	44 640	24 921	10 342	7 250	—	2 127	—
	其中：国家投资	22 888	15 978	3 608	2 613	—	689	—
1993	实际完成投资	66 925	35 080	15 112	9 773	—	4 436	2 524
	其中：国家投资	27 613	18 076	5 283	2 346	—	949	959
1994	实际完成投资	79 326	38 928	18 587	9 485	—	6 903	5 423
	其中：国家投资	32 187	19 589	6 535	1 899	—	1 643	2 521
1995	实际完成投资	86 411	42 459	18 308	10 268	—	7 443	7 933
	其中：国家投资	36 285	21 454	5 474	2 089	—	2 253	5 015
"八五"小计	实际完成投资	312 251	161 138	70 096	41 990	—	23 147	15 880
	其中：国家投资	139 220	89 412	24 105	10 930	—	6 278	8 495
1996	实际完成投资	124 720	71 169	23 114	16 548	—	7 371	6 518
	其中：国家投资	47 433	30 802	7 455	2 531	—	2 085	4 560
1997	实际完成投资	152 324	80 567	21 095	12 653	16 430	12 247	9 332
	其中：国家投资	52 494	34 704	7 196	2 198	502	2 853	5 041
1998	实际完成投资	176 215	90 289	27 774	21 029	12 060	11 970	13 093
	其中：国家投资	63 797	37 206	11 154	3 340	1 557	5 411	5 129
1999	实际完成投资	235 521	118 754	31 384	22 897	16 463	24 232	21 791
	其中：国家投资	108 432	57 383	16 345	5 717	2 775	14 195	12 017
2000	实际完成投资	300 821	143 682	31 273	31 551	14 392	23 781	56 142
	其中：国家投资	136 540	71 602	18 427	13 768	6 831	13 327	12 585
"九五"小计	实际完成投资	989 601	504 461	134 640	104 678	59 345	79 601	106 876
	其中：国家投资	408 696	231 697	60 577	27 554	11 665	37 871	39 332
2001	实际完成投资	303 066	102 468	53 406	40 026	10 678	16 169	80 319
	其中：国家投资	145 743	56 163	22 736	14 425	6 499	8 832	37 088
2002	实际完成投资	316 711	139 272	45 837	41 164	17 657	17 151	55 630
	其中：国家投资	157 582	66 512	27 942	13 839	15 481	10 920	22 888
2003	实际完成投资	232 083	85 437	41 442	29 155	13 136	10 436	52 477
	其中：国家投资	136 239	49 105	27 758	20 127	11 083	8 097	20 069
2004	实际完成投资	352 661	86 654	109 028	51 946	11 922	13 048	80 072
	其中：国家投资	135 782	44 014	26 017	29 705	9 797	11 268	14 981
2005	实际完成投资	192 556	85 231	53 607	23 029	9 134	14 620	6 936
	其中：国家投资	91 292	41 252	12 808	19 704	7 039	10 095	394
"十五"小计	实际完成投资	1 397 077	499 062	303 320	185 320	62 527	71 424	275 434
	其中：国家投资	666 638	257 046	117 261	97 800	49 899	49 212	95 420

续表

年份	投资情况	三北及长江流域等重点防护林体系工程						
		小计	三北防护林工程	长江流域防护林工程	沿海防护林工程	珠江流域防护林工程	太行山绿化工程	平原绿化工程
2006	实际完成投资	179 501	84 328	24 386	42 553	6 509	13 949	7 776
	其中：国家投资	85 398	38 539	8 262	20 637	4 647	12 108	205
2007	实际完成投资	165 879	94 026	13 912	37 819	3 994	13 213	2 915
	其中：国家投资	91 273	48 202	9 964	23 290	2 811	6 541	465
2008	实际完成投资	337 349	184 078	34 916	94 009	7 142	16 804	400
	其中：国家投资	139 275	99 184	13 119	18 429	4 043	4 275	225
2009	实际完成投资	557 076	270 310	101 057	140 019	23 828	21 663	199
	其中：国家投资	209 602	133 198	27 000	35 953	8 979	4 422	50
2010	实际完成投资	570 888	284 589	49 422	192 579	27 177	16 471	650
	其中：国家投资	138 550	68 632	19 557	33 802	12 519	4 000	40
"十一五"小计	实际完成投资	1 810 693	917 331	223 693	506 979	68 650	82 100	11 940
	其中：国家投资	664 098	387 755	77 902	132 111	23 999	32 346	985
2011	实际完成投资	664 819	322 215	98 832	200 344	26 204	12 948	4 276
	其中：国家投资	394 431	208 105	42 627	117 478	14 984	11 167	70
2012	实际完成投资	630 274	325 088	99 667	165 824	25 796	13 899	—
	其中：国家投资	380 467	210 938	40 869	96 239	19 977	12 444	—
2013	实际完成投资	569 772	274 469	65 806	178 784	21 154	17 539	12 020
	其中：国家投资	354 732	170 664	33 863	116 389	11 354	10 442	12 020
2014	实际完成投资	1 512 854	406 704	98 569	278 075	21 229	13 196	695 081
	其中：国家投资	1 098 931	253 193	33 154	140 431	14 930	12 664	644 559
总计	实际完成投资	7 949 636	3 464 240	1 095 790	1 661 994	284 905	321 201	1 121 507
	其中：国家投资	4 142 656	1 841 886	430 785	738 932	155 808	174 364	800 881

资料来源：根据中国林业统计年鉴整理编制

通过表 3.7 可以看出，三北及长江流域等重点防护林体系工程建设所需资金主要来源于国家，约占总投资额的 52.11%，其中平原绿化工程实际投资完成额中，国家资金占比最高，达 71.41%，珠江流域防护林工程次之，国家资金占比为54.69%，长江流域防护林工程国家资金占比最低，为 39.31%。这说明，国家的政策导向对林业生态建设进程的影响度非常高，政府在林业生态建设补偿的过程中起着主导性作用。

5. 野生动植物保护及自然保护区建设工程

野生动植物保护及自然保护区建设工程是我国野生动植物保护历史上第一个全国性重大工程，主要解决基因保存、生物多样性保护、自然保护和湿地保护等问题。

野生动植物保护及自然保护区建设工程的总体规划期分为三个阶段：近期为

2001~2010 年，中期为 2011~2030 年，远期为 2031~2050 年。该工程的总体目标是通过实施全国野生动植物保护及自然保护区工程建设总体规划，拯救一批国家重点保护野生动植物，扩大、完善和新建一批国家级自然保护区、禁猎区和种源基地及珍稀植物培育基地，恢复和发展珍稀物种资源。到建设期末，使我国自然保护区数量达到 2 500 个，总面积为 1.728 亿公顷，占国土面积的 18%。形成一个以自然保护区、重要湿地为主体，布局合理、类型齐全、设施先进、管理高效，具有国际重要影响的自然保护网络；基本实现野生动植物资源的可持续利用和发展。截止到 2014 年年底，野生动植物保护及自然保护区建设工程共完成投资 1 187 092 万元，其中国家投资 744 732 万元。

3.3.2　森林生态效益补偿

森林生态效益补偿是实现无偿使用森林生态效益转向有偿使用森林生态效益的关键，是市场经济规律在林业上的重要体现。它为林业生态建设开辟了一条新的资金渠道。近些年来，我国在森林生态效益补偿方面进行了有益的探索，并相应颁布了一些政策、规定，见表 3.8。

表 3.8　森林生态效益补偿有关政策规定

年份	颁布机关	政策名称	主要内容
1992	国家经济体制改革委员会	关于 1992 年经济体制改革要点的通知	要建立林价制度和森林生态效益补偿费制度，实行森林资源有偿使用
1992	外交部、环境保护局	关于出席联合国环境与发展大会的情况及有关对策的报告	按照资源有偿使用的原则，要逐步开征资源利用补偿费，并开始对环境税的研究
1993	国务院	关于进一步加强造林绿化工作的通知	要改革造林绿化资金投入机制。逐步实行征收森林生态补偿费制度
1994	国务院第 16 次常务会议	中国 21 世纪人口、环境与发展白皮书	建立森林生态效益补偿费使用制度，实行森林资源开发补偿收费
1996	中共中央、国务院	关于"九五"时期和今年农村工作的主要任务和政策措施	按照分类经营原则，逐步建立森林生态效益补偿费制度和生态公益林建设投入机制，加快森林植被的恢复和发展
1998	九届全国人大常委会	中华人民共和国森林法	国家设立森林生态效益补偿基金，用于提供生态效益的防护林和特种用途林的森林资源、林木的营造、抚育、保护和管理。森林生态效益补偿基金必须专款专用，不得挪为他用，具体办法由国务院规定
2001	财政部、国家林业局	关于开展森林生态效益补助资金试点工作的意见	对 11 个省（自治区）的重点防护林和特种用途林先行进行补助试点

续表

年份	颁布机关	政策名称	主要内容
2004	财政部、国家林业局	中央森林生态效益补偿基金管理办法	中央森林生态效益补偿基金制度正式确立并在全国范围内实施。对重点公益林生态效益补助力度进一步加大。平均标准为每年每亩5元，用于重点公益林的营造、抚育、保护和管理支出
2007	财政部、国家林业局	中央财政森林生态效益补偿基金管理办法	中央财政补偿基金平均标准为每年每亩5元，其中4.75元用于国有林业单位、集体和个人的管护等开支；0.25元由省级财政部门列支，用于省级林业主管部门组织开展的重点公益林管护情况检查验收、跨重点公益林区域开设防火隔离带等森林火灾预防以及维护林区道路的开支
2009	财政部、国家林业局	中央财政森林生态效益补偿基金管理办法	对2007年的《中央财政森林生态效益补偿基金管理办法》进行了修订。中央财政补偿基金依据国家级公益林权属实行不同的补偿标准。国有的国家级公益林平均补助标准为每年每亩5元，其中管护补助支出4.75元，公共管护支出0.25元；集体和个人所有的国家级公益林补偿标准为每年每亩10元，其中管护补助支出9.75元，公共管护支出0.25元
2014	财政部、国家林业局	中央财政林业补助资金管理办法	国有的国家级公益林平均补偿标准为每年每亩5元，其中管护补助支出4.75元，公共管护支出0.25元；集体和个人所有的国家级公益林补偿标准为每年每亩15元，其中管护补助支出14.75元，公共管护支出0.25元

资料来源：根据相关法律、法规及文件整理编制

　　在2001年11个省（自治区）试点的基础上，我国于2004年正式建立了中央森林生态效益补偿基金制度并在全国范围内施行，主要用于国家级公益林的保护和管理。2012年，中央财政支持林业生态建设发展的力度加大，国家级公益林全部纳入森林生态效益补偿范围。森林生态效益补偿中，中央财政的投入情况及投入趋势具体如表3.9和图3.4所示。

表3.9　2001~2014年森林生态效益补偿基金中央财政投入表（单位：万元）

年份	2001	2002	2003	2004	2005	2006	2007
金额	100 000	100 000	100 000	200 000	200 000	300 000	333 911
年份	2008	2009	2010	2011	2012	2013	2014
金额	348 515	524 697	758 050	967 928	1 093 000	1 490 000	1 490 000

资料来源：根据2011~2015年《中国林业发展报告》整理、计算编制

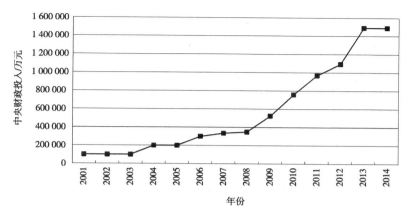

图 3.4　森林生态效益补偿基金中央财政投入变化图

由表 3.9 和图 3.4 可以看出,中央财政对森林生态效益补偿基金的投入逐年增加,并呈现逐年上升的趋势。2001~2014 年,中央财政共安排森林生态效益补偿基金 801 亿元。中央财政补偿是森林生态效益补偿基金的重要组成部分。可见,在森林生态效益补偿中,中央政府起着主导性的作用。

中央财政森林生态效益补偿基金制度的实施,带动和推进了全国各省(自治区、直辖市)地方森林生态效益补偿基金的建立及其森林生态效益补偿的实践,加速了地方与中央公共财政投资体制的有机衔接。例如,山东省省级财政安排专项资金,同时组织市、县财政分别对省、市、县级生态公益林进行补偿,形成了中央、省、市、县四级联动的补偿机制。广东省由省、市、县按比例筹集公益林补偿资金。福建省从江河下游地区筹集资金,用于对上游地区森林生态效益补偿。各地对地方公益林的补偿标准,东部地区明显高于中央对国家级公益林补偿标准,西部地区则大多低于中央补偿标准。

3.3.3　其他财政专项补助

除了上述财政资金,我国还陆续施行了森林管护补助政策、公益林建设投资补助政策、自然保护区建设补助政策、林木病虫害防治补助政策、边境防火隔离带补助政策、水土保持补助政策、林业国家级自然保护区和沙化土地封禁保护区建设与保护补贴政策、森林抚育补贴政策、造林补贴政策、林木良种培育补贴政策及湿地保护补助政策等,为林业生态建设补偿提供了重要的资金来源。

3.3.4　林业生态建设相关税、费补偿

生态补偿税收政策是国家为了满足社会共同需要，按照对生态环境资源的利用、保护或者破坏、治理和修复的程度，强制、无偿地对相关单位或者个人实施征税或者减、免税的政策。而林业规费则是按照有偿服务的原则，是国家有关部门为提供特定服务或实施特定管理而向使用者或受益者所收取的非税收入。与林业生态建设补偿相关的税、费情况如表 3.10 所示。

表 3.10　林业生态建设补偿相关税、费表

税、费项目	征收部门	管理方式	征收或者减免标准	对林业生态建设的补偿作用
城镇土地使用税	县以上地税局	纳入财政预算	林区有关保护用地免征	合理使用林地资源
房产税	县以上地税局	纳入财政预算	对长江上游、黄河中上游地区，东北、内蒙古等国有林区天然林资源保护工程实施企业和单位用于天然林保护工程的房产免征	促进天然林资源保护
耕地占用税	县以上地税局	纳入财政预算	直接为林业生产服务的生产设施占用林地免征	合理使用林地资源
森林植被恢复费	各级林业主管部门	预算外资金	郁闭度 0.2 以上的乔木林地、竹林地、苗圃地，每平方米不低于 10 元；灌木林地、疏林地、未成林造林地，每平方米不低于 6 元；宜林地，每平方米不低于 3 元。国家和省级公益林林地、城市规划区的林地，按上述标准的 2 倍征收；城市规划区外的林地，根据占用征收林地建设项目的性质按照上述标准或者上述标准的 2 倍征收	促进节约集约利用林地、培育和恢复森林植被、实现森林植被占补平衡

资料来源：根据相关资料整理编制

由表 3.10 可知，除了具有补偿性质的林业规费，我国目前还未出台独立的生态补偿税收，对于林业生态建设而言，只是在一些税种中主要通过税收优惠的形式，间接地实现补偿的作用。

3.4　现有林业生态建设补偿机制面临的问题、矛盾

3.4.1　补偿标准偏低

虽然近年来我国日益注重对林业生态建设的财政投入，但与林业生态建设的贡献相比，比重仍然偏低。根据第八次全国森林资源清查资料测算，我国森林生态系统每年提供的主要生态服务价值达 12.68 万亿元。其中，生物多样性保护 4.33 万亿元/年；涵养水源 3.18 万亿元/年；保育土壤 2.00 万亿元/年；净化大气 1.18 万亿元/年；固碳释氧 1.07 万亿元/年；森林游憩 0.85 万亿元/年；森林防护 0.07 万亿元/年。而每年用于林业生态建设方面的各级、各类财政资金合计不足 1%，属于补偿性质的则更是少之甚少。

经测算，公益林的直接经济价值约为每年每亩 74.70 元（戴广翠等，2008）。目前，中央财政的平均补偿标准是国有的国家级公益林每年每亩 5 元，集体和个人所有的国家级公益林补偿标准为每年每亩 15 元，其中每年每亩 5 元的标准从 2001 年森林生态效益补助资金政策执行以来，一直沿用至今，而在此期间全国林业产品生产指数上涨了 17.4%。相比之下，经营公益林得到的补偿基金远低于木材的经济利用价值。

在调研过程中，相关部门和林农普遍反映的问题是补偿标准较低，补偿标准的制定并没有全面地反映因林业生态建设和保护而产生的各项经济损失及机会成本，距离森林所发挥的生态效益、林业部门的管理费用及林农的经济损失都差距较大。这在一定程度上打击了林农及林缘区居民参与林业生态建设的积极性，也加深了不同利益主体之间的矛盾。

3.4.2　补偿标准没有差异性

不同地域、经济区位、地类和质量的林地，其生态建设的成本存在着很大差异。例如，根据 2009 年 9 月颁布的《国家级公益林区划界定办法》，国家级公益林的保护等级分为三级。就黑龙江省而言，其国有林区未开发利用的原始林及森林与陆生野生动物类型自然保护区为 1 级，列入国家重点保护野生植物名录树种为优势树种、连片面积 30 公顷以上的天然林为 2 级，其余的公益林则划定为 3 级；不同级别的公益林由于管护难度等不同进而导致生态投入的差别很大。据测

算，人工公益林的经营管护成本几乎是天然公益林经营管护成本的 4 倍。尽管存在着诸多差异，然而目前财政均按照统一的标准进行资金补偿，这种无差别的处理方式难以激发林业经营主体参与生态建设与保护的积极性，势必会对林业可持续、跨越式发展目标的实现产生不利影响（刘晓光和朱晓东，2013b）。

我国林业生态建设工程项目覆盖的范围一般很广，项目区内各地的地域条件存在较大差异。例如，退耕还林工程覆盖全国 25 个省（自治区、直辖市）和新疆生产建设兵团，各省的土地生产能力和退耕还林的成本差异巨大。有的省（自治区、直辖市）通过飞播造林并适当管护就能达到较高的林木成活率；而在一些沙化严重的省（自治区、直辖市），则需要经过多次播种，并经过人工灌溉才能达到工程的基本要求（王昱等，2011）。但补偿标准在全国范围内只分成南方和北方两个级别，导致有些地区"过高补偿"，有些地区"低补偿"和有些地区"零补偿"。这势必会导致不同地域受偿群体之间利益的不平衡。

在林业生态建设过程中，不同区域甚至同一区域内部的发展规模、进度及生态建设效果都存在很大的差异。如果不考虑各地区的具体情况，采取统一的补偿方式，会导致补偿效果远远偏离预期效果，造成资源浪费和配置效率的低下。例如，目前实施的森林生态效益补偿基金制度，不考虑地区经济发展水平、生态状况、保护的难易程度等方面差异，对所有生态公益林按照国家所有以及集体和个人所有分别确定补偿标准，即每年每亩 5 元和每年每亩 15 元，这种补偿方式缺乏针对性和公平性，会使补偿效果大打折扣。

3.4.3　多层次的补偿渠道尚未形成

经济发展的新常态强调市场在资源配置中的决定性作用以及政府在经济发展中的推动作用。然而，林业生态建设所具有的非排他性、非竞争性等特点，导致目前林业生态建设补偿的资金来源单一，过分依赖于财政资金，财政是补偿资金的投入主体。从林业生态建设所涉及的省份来看，经济大多不够发达但生态治理与修复的任务相当繁重。云南、青海、甘肃、新疆、西藏等西部欠发达省份的生态补偿资金几乎全部来源于国家财政拨款，这使国家背负着巨大的财政负担，是一种不具有可持续性的补偿机制。随着林业生态建设的推进，建设难度在不断增加，成本在不断增大，有限的财政补偿无法满足巨额的资金需求。激励、引导性财税政策的缺乏，导致社会资本不愿意投向盈利少或者不盈利的林业生态建设补偿项目，使直接补偿很容易转化成消费支出，不能彻底解决林业生态建设所需要的资金问题。尽管个别省（区）、市、县已经开展了依靠受益者、市场等筹集补偿资金的实践，如按照旅游风景区门票收入的一定比例征收生态补偿费、水费附加费等。但从全国范围来看，多渠道所筹措的补偿资金量少且方式单一，政府、社会、市场等共同参与，多元化的生态建设补偿机制尚未建立起来。近年来，虽然有的省份开展了林业生态建设横向补偿的实践，但仍处于探索过程中，实施效果还不理想。林业生态建设横向补偿发展不足的主要原因是，在国家和地方层面，尚缺乏横向生态补偿的法律依据和政策规范；开发地区、受益地区与重点生态功能区、流域上游地区与下游地区之间缺乏有效的协商平台和机制。

3.4.4　与主体功能区战略还未有效对接

从主体功能区的角度来审视现行林业生态建设补偿机制，会发现现有机制无法起到理想的效果，难点与障碍主要表现在：①主体功能区层面利益关系的复杂性和综合性，难以对森林生态服务价值进行科学计量和评估，生态补偿的程度也无法准确测算，导致"受益者付费、损害者赔偿"这一核心原则无法得到真正体现。②林业的生态贡献具有明显的外溢性，不仅进行生态建设的省份的重点开发区域、优化开发区域会从中受益，相邻省域也会获益。但这很难直接加以测算，而现行林业生态补偿机制还没有突破地区的限制，也没有涉及生态修复与维护的区域分担情况。③由于同一或同类主体功能区可能分属不同的行政区，同一行政区内也可能包含不同的主体功能区，这使现有的以行政区为基础的财政转移支付制度及其他生态补偿政策将会具有很多的不适应性。

3.4.5　财政转移支付的区域协调功能有待增强

目前，我国林业生态建设及其经济发展的不均衡特征十分明显。东部地区生态状况总体良好、林业经济实力雄厚、林业产业持续高速发展；中部地区非公有制造林的比例较高，生态建设力度不断加大，林业产出水平整体较强，但灾害较多；西部地区是林业生态建设的重点区域，但林业经济总体产出水平较低，单位森林面积实现林业产值仅为全国平均水平的 1/3 左右；东北地区的森林资源最为丰富，国有经济比重较高，重点工程的造林作用突出，但其森林资源优势尚未转变为经济优势，林业产出能力较低。即使在同一地区内，对于承担不同主体功能的区域而言，限制开发、禁止开发区的林业经济总体产出水平较低，生态建设任务更为繁重。虽然近年来中央财政的转移支付有所增加，但差异性不明显，未能很好地协调不同区域之间、不同主体功能区之间的利益格局，难以缩小限制开发区、禁止开发区与优化开发区、重点开发区的经济差距。

3.4.6 财政专项补偿政策缺乏连续性、稳定性

对林业生态建设补偿而言，需要根据自然的规律，有一个较长的补偿期限，才能体现政策的持续性。根据相关专家的调研，认为要使黄土高原的生态系统得到良好的循环，至少需要15年的时间，而对于具有"高""寒"特征的三江源区而言，则至少需要25年的时间（梁红梅和吕圳昌，2012）。但是目前，很多林业生态保护区的补偿期限很短，远远没有达到良性循环的期限。另外，中央财政对林业生态建设的补偿支持主要是以工程的形式注入的。但按照工程的方式组织实施，一般具有明确的时限，导致政策的连续性往往有所间断，给政策实施带来较大的变数和风险（高国力，2008）。而且中央财政转移支付的规模是由当年中央预算执行情况决定的，数额不确定，资金拨付要等到第二年办理决算时才能到位，补偿不了地方财政投资于林业生态建设和保护的资金即时需求。

3.4.7 税收对林业生态建设补偿的调节力度有限

我国目前的相关税种并不是以生态补偿为根本出发点而设计的，税目、税基和税率的选择大多数没有从生态补偿的角度来考虑。在这一前提之下，税收对林业生态建设补偿的调控作用也必然是从属的、派生的，现阶段主要是通过减税和免税来进行优惠，调节范围和力度还远远不够，缺乏针对性和灵活性。另外，从现行税收政策来看，也有一些不利于林业生态建设发展的规定，如森工（森林工业）行业本身就具有巨大的生态效益，而对其征收排污费、水资源费等不尽合理。另外，抚育间伐是改善林分质量，提高森林蓄积和木材产量的一项基本的营林生产作业措施，但抚育间伐材质差，成本高，价格低，效益差，却同主伐材一样征收税费，有失公平原则，阻碍了林业生产的发展。

3.4.8 缺乏法律支撑和保障

目前，我国主体功能区林业生态建设补偿实践尚处于初级阶段，而国情和林

情的不同，使其他国家和地区可供借鉴的经验少之甚少，这使我国主体功能区林业生态建设补偿机制只能在探索中前行。这其中，建立并完善法律监督机制是必要的前提保障。

主体功能区林业生态建设补偿涉及复杂的利益关系调整，而目前这方面的法律、法规基础还很薄弱，只是对补偿方式、范围等做出了原则性规定，比较抽象，可操作性较差。

根据调研了解的情况，由于缺乏健全的法律机制，生态受益者普遍存在免费搭车心理，缺乏补偿意识，履行补偿义务的主动性不强；补偿资金与保护责任挂钩不紧密，尽管投入了补偿资金，但有的地方仍然存在生态保护效果不佳的状况，甚至在个别地方还存在着一边享受生态补偿、一边破坏生态的现象。而林业、农业、水利、环境保护、国土资源等部门在进行林业生态补偿时法律权责不明确，会导致执行标准不统一，甚至会出现重复征收补偿费等现象，补偿资金没有发挥最大的使用效率。而且我国尚没有对林业生态建设补偿支出在中央和地方的财政预算中设立经常性项目，没有建立起林业生态建设补偿支出与 GDP 和财政收入的联动机制，难以保证为林业生态建设补偿提供持续、稳定的资金来源。

3.5　生态补偿现状对林业生态建设的不利影响

补偿不足直接削弱了林业抗灾能力。这已成为我国林业生态建设推进中的最大障碍。我国目前仍然是一个缺林少绿、生态脆弱的国家，森林覆盖率远低于全球 31% 的平均水平，人均森林面积仅为世界人均水平的 1/4，人均森林蓄积只有世界人均水平的 1/7。不少地方生态环境恶化，水土流失、土地荒漠化问题突出；许多河道淤积、防洪排涝能力降低；森林涵养水源能力越来越小。同时，现有宜林地质量好的仅占 10%，质量差的多达 54%，且 2/3 分布在西北、西南地区，立地条件差，造林难度越来越大，见效也越来越慢。尤其是我国的西部地区，基本上都属于生态环境脆弱、土地退化严重的地区，而且在大部分地区无生态屏障可言。例如，青海的森林覆盖率只有 5.63%，新疆为 4.24%，这些都是森林资源短缺的表现。

生态补偿渠道的不稳定使林业生态建设缺乏保障。林业生态建设长期性的特点，客观上要求稳定的、中长期的补偿机制。然而，除森林生态效益补偿资金以外，其他财政专项补偿多数缺乏法定依据。林业生态建设的特点需要补偿资金的长久性供给，但因缺乏法定依据，使一些补偿资金未纳入预算内基本建设资金中，从而处于动态、不稳定状态，难以进一步合理地拓宽补偿项目。这就使财政对林业的支持资金容易随不同时期经济政策的影响而发生波动；中长期补偿机制的不完善，将会阻碍资源要素的组合利用，不适应持续发展和生态环境建设的阶段性需要，从而影响林业生态建设这项长期性战略工程实施的稳定性，也极易造成生态环境治理成效的反复（刘晓光，2004）。

目前的补偿更多体现的是对林业生态效益的部分"补助"，难以实现林业生态建设的全面补偿，严重地影响了各级地方政府、企业、个人投资林业特别是投资于林业生态建设的积极性，使生态工程建设缺乏后劲。局部地区毁林开垦问题依然突出。随着城市化、工业化进程的加速，生态建设的空间将被进一步挤压，严守林业生态红线，维护国家生态安全底线的压力日益加大。

3.6 林业生态建设补偿对既有补偿政策的路径依赖性

路径依赖，又称路径依赖性，它是指人类社会中的技术演进或制度变迁一旦进入某一路径，无论是"好"还是"坏"，都可能对这种路径产生依赖（许雄波，2008）。诺斯在《经济史中的结构与变迁》一文中，由于用"路径依赖"理论成功地阐释了经济制度的演进，于1993年获得诺贝尔经济学奖。诺斯在考察了西方近代经济史以后，认为一个国家在经济发展的历程中，制度变迁存在着"路径依赖"现象。诺思认为，"路径依赖"类似于物理学中的惯性，事物一旦进入某一路径，就可能对这种路径产生依赖。这是因为，经济生活与物理世界一样，存在着报酬递增和自我强化的机制。这种机制使人们一旦选择了某个体制，由于规模经济、协调效应、适应性预期及既得利益约束等因素的存在，该体制会沿着既定的方向不断自我强化。

林业生态建设对原有的补偿政策具有很强的路径依赖。主要表现在：

一是限制开发区、禁止开发区的林业生态建设在很大限度上依托于林业重点生态工程来实现。无论地方政府还是林业生态建设单位或是林农，对已有林业重点生态工程的补偿政策刚刚熟悉和适应，不愿意再去思考和接受新的政策。

二是对于已经实施和将要实施的林业重点生态工程，在工程规划布局的整体设计及建设模式上，有可能与主体功能区规划不一致。现有的林业发展区划所确定的各区域林业发展方向、建设重点和政策措施等与主体功能区的规划要求也不尽相同。

三是区域林业政策在空间上的倾向性是以东、中、西、东北四大地区来区别对待的，而每一类林业区域政策都有其特定的政策重点。东部地区包括北京、天津、河北、山东、上海、江苏、浙江、福建、广东、海南10省（直辖市），该区经济实力雄厚，人口众多，林业发展的自然、经济基础较好，生态状况良好，林业产业较为发达，林业发展态势较好，集体林业占据主要地位，是我国重要的林产品生产基地，同时也是我国重要的林业经济发展优势区域。区内森林覆盖率为36.98%，人均林地面积仅为0.08公顷（国家林业局，2015），为各区最低，日益增长的生态需求与有限的生态供给的矛盾仍然存在。中部地区包括山西、河南、湖北、湖南、江西、安徽6省。该区域是我国主要的集体林区省份，林业产业较为发达，作为东部与西部的过渡地带，该区域的林业表现出较强的发展潜力，区内森林覆盖率为36.45%。林业主要灾害在这一地区仍较为严重，生态建设成果巩固任务较为繁重。西部地区包括内蒙古、广西、重庆、四川、贵州、云南、西藏、陕西、甘肃、青海、宁夏、新疆12个省（自治区、直辖市）。该区地域广阔，国土面积占全国总土地面积的七成，尽管森林资源总量大，但生态环境脆弱，区内森林覆盖率为18.03%，林业经济总量较小，林业建设与保护的任务艰巨。区内以公有制经济造林为主体，其中重点工程造林占41.31%（国家林业局，2015）。西部地区一直是我国林业重点生态工程建设的主战场和林业投资的重点区域，全国四成以上的投资放在西部地区。东北地区包括辽宁、吉林、黑龙江3省。林业区位熵指数为0.99，国有林区135个森工局有82个分布在该区，国有经济比重较高。区内森林覆盖率为40.84%，区内非公有制林业经济和重点工程造林活跃，国家林业公共财政投资力度较大。由于主体功能区是新生事物，在既有的区域林业生态补偿"政策区"体系中，都几乎还没有将主体功能区完全纳入进来，即便是将来纳入进来，如何按照不同的主体功能区进行政策组织，以及与现有政策区进行有机协调，还需要在实践中不断探索和完善。

3.7　主体功能区林业生态建设对补偿的政策需求

林业生态建设的特殊性质，决定了它对林业生态补偿政策的必然需求，尤其是在森林资源的宏观及微观布局、长期目标和短期目标规划及林区各种利益关系的协调和处理等方面表现出更强的政策性特征。虽然我国不断创新对林业生态建设补偿的相关政策，但随着经济总量的持续、高速增长，不合理的森林资源开采及经营所引发的新的生态问题层出不穷。我国林地生产力低，森林每公顷蓄积量只有世界平均水平131立方米的69%，人工林每公顷蓄积量只有52.76立方米。林木平均胸径只有13.6厘米。龄组结构依然不合理，中幼龄林面积比例高达65%。林分过疏、过密的面积占乔木林面积的36%。林木蓄积年均枯损量增加18%，达到1.18亿立方米。森林生态系统功能脆弱的状况尚未得到根本改变，生态产品短缺的问题依然十分突出。主体功能区战略下林业生态建设任务更加艰巨,对生态建设补偿的政策需求也更加迫切,主要表现在:①限制开发区、禁止开发区与经济贫困落后地区在空间上具有很大的重合度。限制开发区、禁止开发区的林业经济总体产出水平较低,虽然中央转移支付补偿资金有所增加,但总量仍然偏小,不能很好地协调不同主体功能区之间的利益格局,缩小限制开发区、禁止开发区与优化开发区、重点开发区的经济差距。而且中央财政转移支付的规模是由当年中央预算执行情况决定的,数额不确定,资金拨付要等到第二年办理决算时才能到位,满足不了地方财政投资于林业生态建设和保护的即时需求。②虽然中央财政补助地方的专项较多,但均是为保护森林、提高林分质量、加强森林宏观经营管理所必需的,除国家重点生态工程以外,其他生态建设方面的专项资金量很小,尤其是禁止开发区域的自然保护区建设、森林公园建设的投入还很不足,难以满足进一步发展的经费需求。③西部地区地方财政紧张,难以分担林业部门的资金压力,对林业生态建设补偿资金的供给有限。而林农的生活水平整体不高,对森林资源有着更强的依赖性,他们需要更多的补偿来维持生活,所以对补偿政策存在很高的需求与依赖。④国家级、省级等不同层次的主体功能区不仅具有空间尺度上的大小变化,而且其内部次级单元的数量也会由此而变化(孟召宜等,2008),从而影响林业生态建设补偿二次分配的复杂性。一定程度而言,主体功能区层次越高,其空间尺度越大,内部次级单元越多,行政隶属关系越复杂,林业生态建设补偿过程也越复杂。

我国幅员辽阔,各区域的自然历史条件差异较大,资源禀赋和经济、社会发展不均衡,林业生态建设呈现出明显的区域性和差异性特征。区域均衡发展是指任何区域的经济、社会、生态环境等综合发展状态的人均水平值是趋于大体相等的。我国划分主体功能区的一个主要目的是实现区域之间在经济发展和环境保护方面的分工以提高社会效率。而实现区域均衡发展的必要条件则是影响区域发展状态的各要素在区域间可最大限度地自由流动和合理配置。但如果缺少适当的区域之间合作的方式和补偿办法,将导致各个地区资源流动不足。由于自发的资源流动受阻,促进地区收益平均化很大限度上依靠政府的再分配,途径之一就是进行补偿。对主体功能区林业生态建设进行补偿是针对生态效益的外部性,对重点生态功能区输出的正向生态效益的能动性补充和反哺性回流。随着人均水平差异值的逐渐缩小,重点生态功能区自生能力逐渐增强,对外依赖性逐渐降低,林业生态建设补偿模式与定位需进行动态调整。

第4章 区域空间规划与林业生态建设补偿的国际比较及其经验借鉴

对于区域空间规划及其相互作用的研究一直是区域经济学研究的重点，国外学者为空间经济分析做出了各种开创性的工作。目前，世界发达国家尤其是国土面积较大的国家，大多通过划分标准区域为实施区域管理和制定区域政策提供依据（高国力，2006）。这些国家为了增加森林资源和保护生态系统，也制定了一系列行之有效的补偿政策。它们的经验与做法，对构建、完善我国主体功能区背景下的林业生态建设补偿体系具有重要的参考价值和借鉴意义。

4.1 美国区域空间规划与林业生态建设补偿的实践

美国全称为美利坚合众国，位于北美洲中部，领土还包括北美洲西北部的阿拉斯加和太平洋中部的夏威夷群岛，北与加拿大接壤，南靠墨西哥湾，西临太平洋，东濒大西洋。面积约为962.9万平方千米，其中，陆地面积915万平方千米。大部分地区属于大陆性气候，南部属亚热带气候，中北部平原温差很大。美国自然资源丰富，煤、石油、天然气、铁矿石、钾盐等矿物储量均居世界前列。截至2014年，美国共有人口3.19亿。美国经济高度发达，国民生产总值和对外贸易额长期居世界首位。

美国的区域空间规划主要经历了城市规划、单一资源开发规划、资源综合规划以及区域可持续发展的综合规划。美国从20世纪70年代之后开始对全国进行经济地区划分，按照工作地和居住地尽量一致的原则，把县作为基本空间单元。2006年由联邦政府提议，出台了"美国2050"空间战略规划，其是美国第一个综合性的区域空间规划，旨在研究和构建美国未来40~50年空间发展的基本框架。

"美国 2050"空间战略规划主要包括基础设施规划、巨型都市区域规划、发展滞后地区规划和大型景观保护规划。

基础设施规划既包括传统的交通运输、水资源和能源的生产与供应等，也包括宽带通信、智能网建设等现代基础设施网络建设。巨型都市区域确定的主要依据是具有共享的资源与生态系统、一体化的基础设施系统、密切的经济联系、相似的居住方式和土地利用模式及共同的文化和历史。巨型都市区域内各大都市之间的界限模糊，是一个更具全球竞争力的综合区域，是政府投资及政策制定的新的空间单元（刘慧等，2013）。发展滞后地区的确定包括两个空间尺度，一个是以县为单位的面状区域，另一个是以城市为单位的点状区域，它们的划分标准相同，共同构成了发展相对滞后地区。这一区域的目标是促进相对均衡的经济发展。大型景观保护计划主要以地方特色的方式，通过建立国家性资助计划来保护跨越行政管辖边界的环境景观和绿色空间。目前，"美国 2050"规划还在继续进行，其规划内容仍在不断细化和完善。

美国的森林资源十分丰富。根据联合国粮食及农业组织（Food and Agriculture Organization，FAO）公布的数据，2010 年美国森林面积为 3.04 亿公顷，占国土的 31.6%，占全球森林面积的 7.5%；森林蓄积量为 470.8 亿立方米，占全球森林蓄积的 6.2%。美国森林面积排在俄罗斯、巴西和加拿大之后，居世界第 4 位；森林蓄积仅次于巴西和俄罗斯居世界第 3 位。美国的森林主要分布在三个地区：在西部的落基山脉到太平洋沿岸，以针叶林为主，主要树种有北美黄杉、西黄松、加州山松、恩氏云杉和科罗拉多冷杉。在南大西洋和海湾沿岸各州，以长叶松、火炬松、萌芽松和湿地松为主。而美国 1/4 的木材产自以阔叶林为主的密西西比河东部地区（柯水发和赵铁珍，2011）。

1990 年以来，美国林业进入了一个以森林生态系统健康为目标的现代系统保护阶段。1992 年，美国国会通过了《森林生态系统健康与恢复法》并于 1993 年开始实施森林保健计划。1994 年，美国开始实行"可持续林业发展项目"，强调要改善生态和保护环境，承担起更新采伐迹地、保护物种栖息地和生物多样性等义务（赵铁珍等，2011）。

进入 21 世纪，美国进一步加强了森林资源保护工作，以应对气候变化、能源短缺等热点问题的挑战。例如，2008 年出台了《食物、环境保育及能源法》，更新并加强授权美国林务局在私有林保护、社区林业、公共领地保护、文化遗产保护、森林恢复、森林保护区建设和林业生物质能源建设方面的作用。2009 年，奥巴马政府颁布了《美国经济恢复和再投资法案》，联邦政府依据该法案资助了 512 个项目，用来开展林内可燃危险物清理、森林环境保护和灾后恢复重建等活动，同时创造就业机会和恢复私有、州有和国有林，其中有近 170 个项目致力于减少森林火灾，以保障森林健康。另外，根据美国巴克莱银行的研究报告，到 2020 年，美国国内的碳排放抵消能力可能会达到每年 2.27 亿吨，而美国的农业和林业项目可以抵偿其中的 1.36 亿吨。由于美国国内碳补偿额有限，美国众议院通过了《瓦克斯曼-马凯气候变化议案》，准许在国内和国际市场各使用 9.07 亿吨的补偿额。

由于美国是一个联邦制国家，国家与各州均有独立立法权，因此具体关于林业生态补偿的法律规范较杂，最基本的如下：①服务市场战略。主要是对私有林地实施生态系统服务市场战略，以有效提高生态服务质量（蔡艳芝和刘洁，2009）。②退耕计划政策。例如，美国于 1985 年实施了与我国的退耕还林工程极为相似的保护性储备计划，由政府提供补偿资金，购买生态效益，联邦政府按照竞争选择、自愿申请的方式向当地农民提供 10~15 年的转移支付以激励他们放弃在生态敏感、极易侵蚀退化土地上的耕作，旨在对进行生态保护的行为进行补偿，从而达到生态环境修复和收入补偿的双重目的。

美国的林业补偿金分为联邦一级和州一级。因不同州的气候和植被有很大差异，所以各州有很大权限。各州均根据本州的生态特点等规定了各自的林业补偿金，其中以对森林资源保护为目的的经营补偿最多。例如，密西西比州政府设立了森林资源开发计划补偿资金，资金来源于州政府征收的木材分成税，对符合条件的森林经营活动给予一年 7 000 美元的补偿金；俄勒冈州设有森林资源托拉斯资金，即为直接支付整地、种植及播种保护等费用而发放的资金。对于被划分为 5 000 英亩（1 英亩≈4 046.865 平方千米）以下，其中至少有 10 英亩相连的部分私有林，托拉斯资金可对期限两年 10 万美元以下的再造林费用给予百分之百的补偿；俄勒冈州对于在生产力低下的灌木林、草地或蓄积差的林地上进行的造林，其造林费可从州税中扣除 50%；对于拥有 10 英亩以上连片的非工业私有林的林主所进行的造林、林分改造、野生生物保护、建立缓冲区等非商业活动，威斯康星州给予 50% 的补偿，补偿上限为 1 年 1 万美元；亚拉巴马州林业委员会有权征收每英亩不超过 0.04 美元的特别年度税，征收的税金作为"森林保护基金"，用于预防森林火灾的保护性支出（吴秀丽等，2011）。

可见，作为应对全球气候变化与保护生态系统的对策，美国林业的功能定位已逐步转向注重发挥森林的多种效益。而对林业生态建设的补偿，除了联邦和州政府的资金补偿之外，税收政策也发挥着十分重要的作用。

4.2　英国区域空间规划与林业生态建设补偿的实践

英国全称为大不列颠及北爱尔兰联合王国，是位于欧洲西部的岛国。由大不列颠岛、爱尔兰岛东北部和一些小岛组成。截至 2014 年，共有人口约 6 451 万。

英国全境分为英格兰东南部平原、中西部山区、苏格兰山区、北爱尔兰高原和山区四部分，属海洋性温带阔叶林气候，终年温和湿润。

英国的能源资源十分丰富，主要有煤、石油、天然气、核能和水力等，但主要工业原料依靠进口，服务业是英国经济的支柱产业，约占 GDP 的 3/4。

英国是以私有林为主的国家，全国森林面积的 71%为民有林，国有林仅占29%。英国私有林的特点是小林主人数多且占有森林面积小，而绝大部分私有林掌握在少数大林主手中。私有林的树种结构主要有欧洲赤松、西加云杉、美国黑松、日本落叶松等外来树种以及栎木、桦木等乡土树种。英国是世界第三大林产品净进口国，仅次于中国和日本。

英国的行政区划分英格兰、威尔士、苏格兰和北爱尔兰四部分。英格兰划分为 43 个郡，苏格兰下设 29 个区和 3 个特别管辖区，北爱尔兰下设 26 个区，威尔士下设 22 个区。苏格兰、威尔士议会及其行政机构全面负责地方事务，外交、国防、总体经济和货币政策、就业政策及社会保障等仍由中央政府控制。

2000 年以来，英国在全球化和欧盟一体化发展的大背景下，对区域规划日益重视，加强了区域机构的力量，北爱尔兰、威尔士、苏格兰及大伦敦政府在区域空间战略和规划方面进行了大胆的创新和实践。2001 年年底，英国政府出台了"绿皮书"，对城市规划体系进行了修改，将原非法定规划"区域规划纲要"与"结构规划"的内容合并，形成了"区域空间战略"规划，以指导地方发展和地方交通规划的编制。2003 年，英国政府发布了《区域白皮书》，提出了由英格兰各个区域选举产生的区域议会负责制定区域空间发展战略，为地方政府编制发展规划提供了新的框架。2004 年，英国颁布了《规划与强制性购买法》，首次确立了区域规划机构及区域空间战略的法律地位，同年颁布了《规划政策声明 11：区域空间战略》等一系列法律，标志着英国新的区域规划体制完整地建立起来（张丽君，2011）。

目前，英国的空间战略规划由国家层面的规划政策声明、区域层面的区域空间规划及大伦敦地区空间发展战略构成。其中，以区域空间规划为重点。英国的区域空间规划主要可以划分为两大类：一类是英国政府为保持国民经济的空间均衡发展、振兴衰退区域而实施的空间经济政策，它往往涉及较大的空间范围，包括若干城市和城镇集聚区；另一类是关于土地利用或基础设施等方面的规划，是对地方开发文件、地方交通规划和土地使用活动计划的系统整合，是政府为应对城市-区域问题而提出的空间政策，涉及的空间范围相对较小。这两大类区域空间规划彼此相对独立，而又相互衔接。

在英国的林业生态建设补偿中，最为普遍的补偿机制为固定补偿标准自愿协议（梁丹，2008）。英国政府提供各类补贴政策支持森林生态保护相关活动，并通过细化不同类别的补贴基金对各类相关活动进行补贴。2008 年，经过修改的英国森林补助金有以下六种类型，即森林规划补助金、森林评价补助金、森林更新补助金、森林改良补助金、造林补助金及森林管理补助金。这些补贴分别对林地的规划、管理决策信息获取、采伐后更新、增进森林生物多样性、森林公共准入及造林等活动提供资金支持。同时，英国政府还设立了环境管理计划向包括林地在内的土地环境管理提供资助，其主要目的在于保护野生动植物，维持和改善景观，保护具有历史意义的环境和自然资源（陈成和张丽君，2012）。

英国施行了退耕政策，在退耕的农田上造林可以得到一定的补偿。1988 年英国建立了农用林地基金，以补偿农民因造林而承受的经济损失，1994 年更名为农场林地奖励基金。农民或农场主造林并获得林业部门的认可，就可以申请奖励基金。另外，英国政府对私有林造林还实施了免税和直接购买补偿两种激励政策，如政府以现金的形式支付给上游的私有土地主，要求这些私有土地主必须同意将他们的土地用于造林。英国森林委员会（Forestry Committee，FC）1991 年制定了《英国森林政策》，1994 年制定了《可持续林业–英国计划》，其目标是森林的多用途利用和可持续经营。2011~2012 年，林业委员会在公共林方面的开支为 5 600 万英镑，而在补助拨款、行政管理和研究等其他方面的开支为 1.34 亿英镑。

近年来，英国政府也在积极运用市场化手段对林业生态建设进行补偿。主要措施如下：①采用替代工程方案对林业生态建设进行补偿（如威尔士南部加的夫港湾建造的拦河坝），提供新的湿地，用以补偿损失的野生动物栖息地。②采用投标协议进行生态补偿。从 1997 年开始，苏格兰林业委员会在原有的标准林业补贴计划补助的基础上，借助一系列挑战基金采用投标机制对私有土地主增加直接补贴，以鼓励在特定地理区域内扩大林地面积。主要由评判专家小组对申请进行打分，然后按照环境价值分值和成本进行挑选，选取成本小、环境价值高的申请，对其提供补贴（梁丹，2008）。③生态服务付费补偿，主要是森林认证。2000 年以后，森林认证制度逐步纳入英国政府的生态补偿制度。④碳信用额度交易补偿，截至 2012 年 6 月 30 日，英国共有 58 个碳汇项目根据《林地碳汇法规》要求进行了登记，总面积为 2 800 公顷，预计存储 130 万吨二氧化碳。

4.3　芬兰区域空间规划与林业生态建设补偿的实践

芬兰全称为芬兰共和国，面积为 33.814 5 万平方千米，位于欧洲北部，北面与挪威接壤，西北与瑞典为邻，东面是俄罗斯，西南濒波罗的海。芬兰境内拥有极其丰富的森林资源。全国森林面积达 2 630 万公顷，人均森林面积为 4.6 公顷，树种以云杉林、松树林和白桦林居多。南部的塞马湖面积达 4 400 平方千米，是芬兰第一大湖。芬兰的内陆水域面积占全国总面积的 10%，有岛屿约 17.9 万个，湖泊约 18.8 万个，素以"千湖之国"著称。截止到 2014 年，芬兰共有人口 546 万。人口大部分居住在气候比较温和的南部。

芬兰全国分为六个省：南芬兰省、东芬兰省、西芬兰省、奥鲁省、拉普兰省和奥兰自治省。芬兰在造纸、交通、电信、建筑、再生能源等领域的技术与经验处于世界领先地位。芬兰的矿产资源中铜较多，还有少量的铁、镍、钒、钴等。芬兰是欧洲森林覆盖率最高的国家。丰富的森林资源使芬兰拥有"绿色金库"的美称。芬兰的森林蓄积量为 22 亿立方米，其中欧洲赤松占 50%、挪威云杉占 30%、阔叶树（主要是桦树）占 20%，森林蓄积年增长量为 1 亿立方米。近年来，原木消费量每年约为 7 000 万立方米，其中 20% 为进口，90% 的消费量用于木材工业。芬兰的森林所有制包括国有林、公司林和私有林。私有林是主体，占 75%，公司林占 9%，国有林占 12%，其中生产林、保护区和公众游乐林各占 1/3；其他经济成分占 4%。

芬兰作为北欧生态宜居城市建设的代表性国家，同时也是世界排名前三的创新型国家，注重将创新引入城市建设中。2013 年，芬兰继 2007 年数字生态城战略之后启动了创新城市计划（徐振强，2016），重点推进未来健康、生物经济、网络安全、可持续能源、智慧城市和再生资源。赫尔辛基大都市的生态智慧建设创新是芬兰的代表，主要分西湾和东湾两个项目群，每个项目群有 4~6 个住区的开发项目，目标是提高对居民的服务水平，使商务环境最为友好，提升城市的国际竞争力。与赫尔辛基战略并行实施的是六城战略，将芬兰六个最大的城市作为创新发展和试点示范，以开放和智慧服务为核心以支持芬兰的都市可持续发展。六城战略具有全国性的意义，承载了芬兰约 30% 的人口，得到了芬兰各级政府和欧盟的资助。欧盟区域发展基金、六个城市的政府及芬兰政府为六城战略提供了约 8 000 万欧元的资金支持。

规划在芬兰林业中也发挥了重要作用，它既是一种政策工具，也体现了对林业的资金支持。1961 年，芬兰制订了第一个森林计划，在经历了《Teho 计划》、《Mero 计划》、《1985 森林计划》和《1994 年林业环境计划》之后，芬兰公布了《2010 国家森林计划》。该计划旨在确保以森林为基础的产业和生计、生物多样性和森林健康及全民户外休闲游憩场所。该计划的特点如下：①包含了较多的森林多种效益部分；②设立了森林经营和保护工作组、森林利用与市场工作组和林业研究与发展工作组；③有强烈的公众参与性和计划公开性；④开展了环境影响评价。

为了响应不断变化的国际形势和国内环境，国家森林计划几经修订，同时还实施了一系列专门计划，如《可持续林业融资计划（1997）》，用于保证国家对私有林管理的补偿等。

2010 年 12 月，芬兰政府再次修订并通过了新的国家森林计划——《2015 国家森林计划》。《2015 国家森林计划》的核心思想是在遵照可持续发展原则的前提下，通过森林的多目标利用增加全民福利，包括三方面目标：①加强以森林为基础的商业并提高产值；②提高林业的盈利能力；③加强森林生物多样性、环境效益及福利（吴水荣，2014）。《2015 国家森林计划》还确定了 6 个优先领域：①保证森林工业和森林经营的竞争性运作环境；②增加森林与气候和能源相关的效益；③保护森林的生物多样性与环境效益；④促进森林在文化与游憩方面的利用和发展；⑤加强森林部门的能力、专门技术和可接受性；⑥在国际林业政策中促进森林的可持续经营。

芬兰国有林及保护区主要分布在北部，私有林主要分布在南部，各种人为活动对南部生物多样性造成了广泛的影响。基于此，芬兰政府于 2002 年出台了关于芬兰南部、奥鲁省西部及拉普兰西南地区的森林生物多样性保护行动计划，提出了 17 项行动，并于 2003~2007 年进行了试点。试点期间，农林部和环境部为此额外投资 6 200 万欧元。

该试点计划中涉及补偿的内容主要如下：①在私有林主、当地政府、非政府组织及其他利益相关者之间形成自愿的森林生物多样性保护合作网络，合作网络集中于国家公园、其他保护区或游憩区及其周边私有林主的商品林。2004~2006 年在南部实施了 4 个试点项目，主要由当地林业中心协调，3 年芬兰政府共支出 200 万欧元，主要用于对私有林主的补偿。②与林地所有者签订自然价值购买协议，林主通过维护或提高其森林特定的生物多样性价值可定期获得补偿。协议通常为 10~20 年期，补偿对象包括木材和生物多样性，补偿标准一般为每年每公顷 50~280 欧元。

2008 年 3 月，芬兰政府正式批准了《芬兰南部森林生物多样性计划（2008—2016）》，以继续推进自愿保护机制。该计划为期 9 年，其目标是在 2016 年前保护芬兰南部森林生态系统的森林生境和物种并建立起良好的森林生物多样性发展趋势。该计划是对《2015 国家森林计划》的重要补充，也是芬兰执行各种国际协定的重要组成部分（吴水荣，2014）。芬兰政府在 2009~2012 年为这项新计划提供了 1.82 亿欧元的资金支持，是试点期间的 3 倍。可见，政府购买是芬兰林业生态建设补偿的主要方式。

4.4　巴西区域空间规划与林业生态建设补偿的实践

巴西全称为巴西联邦共和国，位于南美洲东南部，北邻法属圭亚那、苏里南、圭亚那、委内瑞拉和哥伦比亚，西邻秘鲁、玻利维亚，南接巴拉圭、阿根廷和乌拉圭，东濒大西洋，是南美洲面积最大的国家，位居世界第五位。巴西自然条件得天独厚。横贯北部的亚马孙河是世界上流域最广、流量最大的河流。素有"地球之肺"之称的亚马孙热带雨林总面积达 750 万平方千米，其中大部分位于巴西境内。截至 2014 年，巴西人口约 2.02 亿。

巴西是南美洲第一经济大国，有较为完整的工业体系，钢铁、汽车、造船、石油、化工、电力、制鞋等行业在世界享有盛誉，核电、通信、飞机制造、信息、燃料乙醇等领域已跨入世界先进国家行列。巴西矿产资源丰富，铁矿砂储量、产量和出口量均居世界第一位，铀矿、铝矾土和锰矿储量均居世界第三位。

巴西农牧业发达，是世界蔗糖、咖啡、柑橘、玉米、鸡肉、牛肉、烟草、大豆的主要生产国。巴西是世界第一大咖啡生产国和出口国，素有"咖啡王国"之称。巴西又是世界最大的蔗糖生产和出口国、第二大大豆生产和出口国、第三大玉米生产国。全国可耕地面积约为 4 亿公顷，被誉为"二十一世纪的世界粮仓"。

巴西的区域空间规划类型与我国的主体功能区规划有相似之处。为实现宏观调控目标，巴西将全国划分为五个基本类型区，即疏散发展地区、控制膨胀地区、积极发展地区、待开发（移民）区和生态保护区（韩青等，2011）。疏散发展地区，主要是指圣保罗和里约热内卢及其环绕的都市区，发展目标是遏制城市过度膨胀和扩张，阻止自然和城市景观破坏及生态环境恶化。控制膨胀地区，主要是指东北部环绕萨尔瓦多的都市区和南部区某些地方以及东南部地区，发展目标是引导工业分散，防止过度聚集和膨胀。积极发展地区，是指环绕福塔莱萨和贝伦的都市区及内陆的中等城市，如首都和各州的首府。这类地区通常人口密度较高，但经济基础薄弱，需要引导开发。待开发（移民）区，主要位于北部和中西部地区，沿着通向内地的主要道路或亚马孙河谷地带，发展目标是进行生态移民。生态保护区，主要位于亚马孙和中西部地区，发展目标主要是在保护自然资源和控制生态平衡的条件下，进行合理的开发利用。

巴西是世界上的森林资源大国，它的森林面积和蓄积量都位居发展中国家前列。20 世纪 60 年代以后，巴西根据全国自然条件和经济发展水平，划分了五个林业发展地区，它们分别是北部、中西部、东北部、东南部和南部地区。其中，东南部和南部地区工业发达，主要发展人工林；东北部、北部和中西部地区则建立包括林业在内的发展中心，以充分利用当地森林及其他资源优势。巴西林业在国家经济发展中占有比较重要的地位。巴西林业产值占 GDP 的 3%~4%。

20 世纪 90 年代之前，巴西森林和林业的发展还基本上是基于经济效益和地缘政治观点，很少考虑其更为深远和巨大的社会效益及生态效益。随着热带雨林的过度采伐，至少有 50 万~80 万种动植物种面临灭绝。对此，巴西政府先后制定了多项环保政策，采取多种措施加强对林区环境的保护与监测。巴西政府先后颁布了《环境法》和《亚马孙地区生态保护法》。与此同时，巴西政府加大了相关资金投入。1991~2002 年，政府为保护亚马孙地区生态和自然资源，累计投资近 1 000 亿美元。环保与可持续发展成为政府的优先目标之一。巴西政府于 1994 年建立了 34 个新的森林公园，其面积为 960 万公顷。这意味着有很多天然林被保护起来，无论是从环保还是从经济观点来看，这都是一个积极的倾向。1996 年，巴西政府决定从林业企业和私人经营所得税中提取 50%作为造林事业的投资。

巴西政府将森林按用途分为永久保护的森林、严格利用的森林和非严格利用的森林三类：永久保护的森林禁止任何形式的利用；严格利用的森林需要在地点上或种类上受到联邦法律规定的严格约束；非严格利用的森林，林主可以自由开发利用，但采伐林木需得到政府的授权（柳长顺和刘卓，2009）。

巴西全国有三种涉及人工林培育业的基金，它们是亚马孙投资基金、东北部投资基金和部门投资基金。其中，由亚马孙基金资助的帕拉州热带林保护项目将使参加热带林保护的家庭获得补偿，项目总额约为 1 700 万美元，林地所有者如果签署保护森林的协议就可以收到月度支票，初始约为 16 美元，到最后一年将增至 350 美元。这是巴西通过现金补偿遏制毁林的重要措施。另外，巴西于 1989 年 7 月成立了国家环境基金会，在很大限度上缓解了保护生态环境的资金问题。国家环境基金会管理层致力于有效地、高速地解决环境问题，决策层则考虑国家环境基金如何市场化运作，以创建一个透明的、民主的生态补偿系统。国家环境基金会的行动主要集中在林业推广、亚马孙河流域的综合治理、植物群和动物群的可持续管理等 8 个领域。国家环境基金会的主要资金来源包括巴西国家银行与国际发展银行签署的贷款，技术合作协议中规定的 300 万欧元以及对环境犯罪和违反环境条例收取的罚款总额的 10%。

1987 年，巴西颁布了生态补偿条例。但当时仅涉及对森林损害及相关生态环境的小部分补偿，目前修订后的生态补偿条例已成为保护区建设的重要的资金来源。20 世纪 90 年代初，巴西各州政府开始逐步实行生态补偿财政转移支付制度。巴西州政府最大的财政收入来源是工业产品税，相当于我国的增值税，约占税收总收入的 90%（刘强等，2010）。巴西宪法规定州政府应将这部分税收收入的 25%转移支付给地市政府。虽然不同州政府生态补偿财政转移支付资金的比例有所差别，但都是以保护单位为主体因素加以确定的。保护单位是指不同级别生态保护区以及由于生态环境保护目的而被禁止开发的森林公园、森林缓冲区的面积。

2000 年，巴西建立了国家补偿系统，巴西法律规定每个开发项目，都需要先进行环境影响评估。环境办公室负责确定哪些保护面积受到该项目的影响，一旦确定需要补偿，环境机构还要根据对环境实际的影响程度，确定具体确切的补偿数额。同时，巴西还设立了国家自然保护区制度，制度要求只要预计项目将对环境产生重大影响，每个项目就要支付不低于该项目总成本 0.5%的生态补偿资金。新保护区按世界自然保护联盟的规定分为 1~4 个级别，如公园、生物保护区、野生动物保护区和自然保护区等。因此，生态补偿的法案不断完善形成了一个越来越严格的补偿机制。

巴西政府根据对资源破坏的范围和程度，让开发商缴纳至少为总投资 0.5% 的资金作为环境补偿资金，由环境机构收取并依据有关规定直接投入保护区建设（亓坤，2011）。巴西通过该项补偿机制获得了高达数亿美元的资金赔付，超过 50 个环境机构通过此方法有效解决了资金问题。为了对造林进行补偿，巴西政府允许拥有 100 公顷土地以上的公司把它们所得税的 50% 投资于人工林建设；拥有 20~300 公顷的土地所有者森林更新项目，政府承诺补偿 20% 的森林更新成本。个别州规定，个人只要能造林 1 公顷以上，就能获得高达 200 美元的补偿。为了让居民们主动绿化自己的庭院，巴西政府还规定如果在自己的庭院内种树铺草坪，还可以按照绿化的面积减免房屋的物业税。综上所述，巴西的林业生态建设补偿实行以政府为主导、各公共组织为辅的资金模式。巴西政府的生态补偿资金逐年递增，公共投资大幅增长，多种举措增加了林业生态补偿资金来源，而多方位的资金投入为林业生态建设提供了强有力的财政支撑。

4.5　德国区域空间规划与林业生态建设补偿的实践

德国位于欧洲中部，东邻波兰、捷克，南接奥地利、瑞士，西接荷兰、比利时、卢森堡、法国，北接丹麦，濒临北海和波罗的海，是欧洲邻国最多的国家。德国面积为 35.7 万平方千米。地势北低南高，可分为北德平原、中德山地、西南部莱茵断裂谷地区以及南部的巴伐利亚高原和阿尔卑斯山区四个地形区。截至 2014 年，德国共有人口 8 089 万。

德国森林总面积为 1 140 万公顷，全国的森林覆盖率为 30.7%。林地按所有制分配的比例如下：老州国有林占 30.4%，公有林占 24.1%，私有林占 45.5%；新州国有林占 42.3%，公有林占 8.6%，私有林占 49.1%。德国的原始林树种以阔叶树种为主，主要树种有山毛榉和栎树。德国有 1/4 的森林（270 万公顷）被划入自然公园，1/3 的森林（360 万公顷）被划入景观保护区。

德国政府的区域协调发展主要是通过严谨的空间规划体系来实现的。20 世纪 60 年代以后，德国开始重视生态环境建设与空间的可持续发展。1965 年，德国制定并颁布了《空间规划法》。1997 年，德国对该法进行了第二次全面修订，自 1998 年 1 月 1 日起实施，具体对保护生态环境、优化空间开发结构、经济布局均衡、社会、经济与生态的协调和全面发展等方面都做出了明确规定。

德国空间规划体系是跨越行政分区的规划体系，每级层面制定一个法定规划，不同层面的规划名称不同，内容各有侧重。各规划层次互不交叉、职责分明，但为了保障空间规划的落实及各层级规划之间的衔接，各个层级的空间规划的区域类型具有相对的一致性。

德国空间规划可分为联邦政府规划、州规划和市镇规划三级。空间规划的法定权限在各州和地方政府，联邦层面规划主要是对德国空间发展主导思想及原则做出方向性指导，属于空间发展战略指导范畴。但联邦政府和各州共同制定空间开发模式和指导原则。空间规划的重点在州一级，越到基层，内容越具体，约束性越强。

州域规划涵盖全州的所有地区，由州政府负责编制州以下跨行政单位的部分地区编制区域规划，以解决跨地区的发展问题（韩青等，2011）。部分内部存在行政管理区的州还编制以行政管理区为地域单元的区域规划。一般而言，只有区域规划具有问题针对性和具体的处理措施。区域规划是对州域规划的具体化，主要倾向于跨区域的土地利用整体规划和跨专业部门的项目安排。市镇规划通常分为土地利用规划和建设规划两级结构。市镇规划针对国土空间划分中范围较小的空间单元来施行政策，其具有较强的约束力，一般要求强制执行。

德国林业补偿主要是联邦和州通过共同课题框架在全国范围内进行，如联邦政府和州政府联合改善农业结构和海岸保护支持计划中的林业补贴，联邦政府提供 60%的资助资金，州政府提供 40%的资助资金。同时，欧盟也通过欧洲农村发展农业基金向造林等林业生态建设活动提供补贴（梁丹，2008）。此外，各州也有州独立的补助政策。例如，作为州独立政策，巴登-符腾堡州（巴-符州）于 2007年施行了森林环境补助金制度，旨在确保森林的环境保护功能及生态系统保护功能，维持森林的可持续经营，发挥其多功能效应。补偿对象包括水源保护林、保健修养林、土壤保护林以及成为"自然 2000"中动植物栖息地保护对象的森林，补偿标准前两项为 20 欧元/公顷，后两项为 40 欧元/公顷。

1991 年，德国设立了生态补偿横向转移支付基金，其主体是州际财政平衡基金，专门用于解决生态补偿资金的地理空间分配问题。横向转移支付基金的主要来源：一是扣除了划归各州销售税的 25%以后，剩下的 75%按各州人数直接分配给各州；二是较富裕州按照统一标准划拨给穷困州的补助金（蔡艳芝和刘洁，2009）。1999 年 4 月 1 日，德国通过了生态税改革草案，并于 2000 年 1 月 1 日通过了《持续生态税改革法案》。此外，德国林业委员会还进一步提出建设"生态账户"的补偿政策建议。

4.6 哥斯达黎加区域空间规划与林业生态建设补偿的实践

哥斯达黎加共和国（简称哥斯达黎加），位于中美洲南部，东临加勒比海，西濒太平洋，北与尼加拉瓜接壤，南以巴拿马为邻。面积为 5.11 万平方千米。2014 年人口为 494 万。在联合国开发计划署（the United Nations Development Programme，UNDP）公布的"2014 年世界人类发展指数"排名中，哥斯达黎加位列全球 187 个国家中的第 68 位，属于中等发达国家。

哥斯达黎加属于热带雨林区域，主要森林类型有热带常绿雨林、落叶林、高山森林、棕榈沼泽林和红树林。哥斯达黎加生态旅游资源丰富，素有"中美洲花园"之称。哥斯达黎加国土面积仅占世界陆地面积的 0.03%，但拥有全球近 4% 的物种，是世界上生物物种最丰富的国家之一。26% 的国土面积为国家公园或自然保护区，其中包括 11 块湿地、2 个生物保护区和 3 处世界自然遗产。全国森林覆盖率为 52%。

哥斯达黎加的经济主要是旅游业、农业和电子元件出口，石油完全依赖进口。自然资源有铁、锰、水银、铝土、金、银等，其中铝矾土、铁、煤的蕴藏量分别达 1.5 亿吨、4 亿吨和 5 000 万吨。哥斯达黎加高度重视环境保护，自然资源开发受到严格限制。

哥斯达黎加全国划分为 7 个省，分别是阿拉胡埃拉（中部，圣何塞西北面）、卡塔戈（中部，圣何塞东面）、瓜纳卡斯特（西北部）、埃雷迪亚（中部，圣何塞北面）、利蒙（东部，沿加勒比海）、彭塔雷纳斯（西部，沿太平洋）、圣何塞（首都附近区域）。

哥斯达黎加是拉丁美洲最早开展生态补偿的国家之一，对于林业生态建设补偿制度的探索始于 20 世纪 80 年代对造林及生物多样性保护等方面的经济补偿，主要途径包括：①1986 年施行了"森林信用许可证制度"，通过与林主签订用材林生产合同，并在木材砍伐之前获得资金补偿，以使集体林场或私人林主获取更多收入，从而起到保护森林的作用。②1995 年实施了"森林保护许可证制度"，通过签订森林保护合同来避免森林砍伐，促进森林的恢复。③将从其他商品贸易中获得的收入投向林业，如生物保护费、生态观光费、科技旅游观光费和流域治理费等。

1995 年，哥斯达黎加开始进行全球生态环境服务支付项目，成为全球的先导。该项目将森林生态系统提供的服务作为收费的依据；通过征税的方式获得可持续的资金来源用于对森林所有者进行经济补偿，激励其继续保护森林，没有森林的土地所有者将会大力营造森林从而形成了良性循环机制。

1996 年，哥斯达黎加政府正式批准的《森林法》明确定义了森林提供的四种环境服务，即水源涵养、碳汇、生物多样性保护和休闲游憩。该法为政府购买土地所有者提供的环境服务提供了法律基础（丁敏，2007）。

哥斯达黎加的国家生态补偿资金项目主要通过国家森林基金负责执行。国家森林基金的主要职责是补足支付方提供的资金缺口，同时，对生态补偿制度的实施过程进行管理。国家生态补偿资金项目向土地所有者提供不同类型的合同，支付的金额略高于保护土地的机会成本。项目按每年每公顷 40 美元支付给土地所有者，用于森林保护；每年每公顷 538 美元用于 5 年内再造林。在合同期内，国家森林基金按照约定的金额支付相关费用，而林地的所有者则按约定在其所有的土地上开展造林、森林管理、森林保护等工作，并获得补偿资金。在国家森林基金与林地所有者之间签订的生态补偿合同中，较之森林经营、再造林和造林合同，森林保护合同更受林地所有者欢迎。

国家森林基金的主要来源是燃料消费税。为了提高资金来源的长期性和稳定性，哥斯达黎加也在增加生态服务受益者付费方面进行了有益尝试。例如，一家私有水电公司已经与国家森林基金达成了协议，每年将向国家森林基金支付每公顷 10 美元的费用，用于流域上游森林保护（李皓和申倩倩，2015）。

2013 年 9 月，哥斯达黎加政府和森林碳伙伴基金宣布签署了高达 6 300 万美元的碳减排支付协定。这将使哥斯达黎加成为世界上第一个为保护其森林、使退化土地更新、为可持续的景观和生计扩大农林系统而获取大额补偿的国家。

4.7　对国外区域空间规划及林业生态建设补偿政策的综合评价

4.7.1　重视区域协调，强调跨行政区域合作

虽然国际上对区域理解和划分的依据差别很大，但多数国家都会采用特定的社会经济指标结合生态指标来加以衡量、确定。基于可持续发展的理念，经济活动过分集聚，出现明显的规模不经济的地区，政府会采取相应措施对该类地区加以限制；对于自身拥有很好的经济社会发展环境与条件的区域以及贫困、落后的区域，则会鼓励、推动该区域的发展；而对于自然保护区、国家公园和历史文化

遗迹一般都是进行严格的生态保护。对于在空间区域的操作和管理，各国都很重视区域的协调与合作。例如，"美国2050"战略空间规划的一个突出特点就是规划的区域单元范围跨越行政区划界限，特别强调空间战略规划中的跨行政区域合作。无论是巨型都市区域规划还是大型景观保护规划都是跨越多个行政管辖区来制定的，以满足规划的科学性和区域间的协调（刘慧等，2013）。而德国易北河的生态补偿机制则是通过建立跨国际的区域合作机制来实现的，易北河处在捷克与德国之间，自1990年以后，德国和捷克成立双边合作组织并达成双边协议来共同维护易北河的生态环境，保持两河流域生物多样性，其中下游对上游的经济补偿是重要的资金来源。

4.7.2　联邦政府的宏观调控居于主体

随着国家汲取收入的强化和政府机构的分化，财税政策作为政府工具和实现政治目标的必要手段，其作用日益明显。随着国家税收的不断增加，各国政府有意识、有目的地运用财税政策去推动林业生态建设。从各国政府对林业生态建设补偿的扶持力度分析，主要建立联邦一级的林业生态财政预算制度，以确保稳定的国家资金用于对林业生态建设的投入。联邦政府资金对地方政府进行积极鼓励和扶持，形成一种分工合作关系，其特征就是管理的层次相对简化，联邦政府只对下一级财政负责，下一级财政也只对其更下一级的地方负责，职责趋向分散明确。特别对于重大林业生态项目，大都是以国家层面为主体，地方政府为辅的财政投入补偿机制。

4.7.3　对国有林、私有林实行不同的补偿政策

在世界各国的森林所有制结构中，尽管国有林的比重在各国不同，但从森林的贡献来看，国有林一般都承担着多个利用目标，如保护区、森林公园、大型流域保护及木材生产等，而且经济越发达的国家，其国有林承担的非商业性利用目标的任务越大。近年来，世界各国尤其是发达国家的国有林在社会经济发展中的经济贡献不断弱化，生态贡献不断加强，这从根本上改变了政府与国有林之间的经济关系，为此，政府对国有林一般实行直接补偿。例如，英国对国有林的收入不上缴，不足部分由政府通过财政资金等方式直接补足；德国对国有林的补偿实行预算制度，预算通过议会审议之后，由财政直接拨付。

　　对于私有林的生态补偿，大多数国家都以对林主进行补贴的方式进行。例如，英国规定对于所有营造阔叶林的私有林主，都给予一定程度的补贴；芬兰则为那些主动经营森林、建设森林道路和改造低产林的林主提供低息贷款，并由财政贴息（吴水荣和顾亚丽，2009）。

4.7.4　政府和市场协同补偿

　　从以上国家来看，针对不同的森林类型和多种生态服务种类，政府补偿和市场化补偿机制都得到了较为广泛的应用。相比而言，政府补偿的尺度范围比较大（费世民等，2004），通常可以在整个国家范围内实施。尽管有碳汇交易市场和森林认证这样在突破某一国家地域层面上运作的补偿机制，但是大部分的市场化机制仍然主要集中在小尺度上操作，如上、下游区域的森林流域服务和具有特定生态保护价值的私人森林等。

　　由于信息不对称情况的存在，政府获取具体地理位置的森林生态服务价值难度加大，这将不可避免地影响其补偿效率；而市场补偿需要有完善的产权制度以及相关的法律、法规来加以支撑。因此，从国外成功的林业生态建设补偿实践经验中可以看出，政府补偿和市场补偿相结合是未来的一个主流趋势。例如，在美国的"保护性储备计划"里，政府是对生态环境服务进行支付的主导力量，补偿资金由政府来承担，但是项目的运作方式中引入了市场竞争机制，土地租金率随着市场的波动而不断发生、适时调整。另外，政府也可以作为中介参与森林生态服务供需双方的谈判，帮助制定森林生态服务使用费的标准和森林生态服务费的额度分配，为市场交易提供制度保障。

4.7.5　社会公众广泛参与和支持

　　无论是区域空间规划还是林业生态补偿，都离不开社会公众的广泛参与。例如，哥斯达黎加 1996 年《森林法》在酝酿过程中，就已经吸收了 CANAFOR、JUNAFORCA 和 FUNDECOR 等私有林业组织加入草案的起草过程，这也是法律规定最终能够得以充分体现私有部门意愿的重要原因之一（丁敏，2007）。美国、德国、芬兰等在制定区域空间发展战略时都有相应的激励政策或是管理制度，无论是在规划制定阶段还是实施阶段都给公众参与提供了很多机会，确保吸纳不同利益相关者的意见，从而增强了规划的有效性和可操作性。而林业生态建设补偿从本质上就是一种利益协调机制，相关利益主体对生态补偿方案的接纳和执行程度将直接影响到生态补偿的效果及其可持续性。上述国家都重视吸纳不同利益主体积极参与协商，加强公众参与的广度和深度，为生态补偿提供了良好的外部环境。

4.7.6　林业生态建设补偿主体多元化

从上述国家的林业生态建设补偿来看，虽然补偿主体大都是以政府为主，但是同时也实现了补偿主体的多元化，即政府、非政府组织、企业和相关居民等共同为生态补偿提供资金。例如，有些在经营中涉及生物多样性保护、森林景观保护的生态企业，往往采取上市的手段在资本市场融通补偿资金；当上游森林为下游提供良好的生态环境时，很多国家由当地的非政府组织和社区作为中介，通过正式或者非正式的协议向下游沿岸的居民收取森林生态服务费进行补偿，如巴西、哥斯达黎加；德国除了联邦政府的补偿资金之外，欧盟的欧洲农村发展资金也是其重要的资金来源；哥斯达黎加政府通过在国际市场上出售碳汇额度来获取补偿资金，而且联合国全球环境基金也向哥斯达黎加的国家林业基金捐赠资金以支持林业生态补偿。

4.7.7　发挥税收的补偿作用

征收生态补偿税是芬兰、英国、德国等国家比较普遍的补偿方式。主要税种包括碳排放、氮排放、硫排放、垃圾填埋和能源销售等。例如，美国自1987年开始实施生态税收制度，从1991年起美国23个州对循环利用投资给予税收抵免扣除。而且各州及地方政府都具有很大的税收自主权，为制定林业生态建设相对优惠的税收补偿政策提供了较大的空间（漆亮亮，1999）。另外，这些国家的累进性税制的收入再分配效应一般都很强，客观上能够调解区域之间的收入差距，从而对相对落后的林业区域的发展起到扶持作用。此外，通过上述各个国家的林业税收补偿实践还可以看出，生态税税收收入是政府财政转移支付资金的一个重要来源，其推动了生态保护地区的林业生态建设。

第5章 主体功能区林业生态建设目标的政府间传递与补偿效率损耗

5.1 主体功能区林业生态建设中的政府职能及其角色定位

所谓政府职能，是指政府依法对国家和社会进行管理所具有的职责和通过管理而体现的功能或作用（顾杰和张述怡，2015）。它是政府在整个社会系统中所扮演的角色和所发挥的作用，体现着公共行政活动的基本内容和方向，是公共行政本质的反映。传统的政府基本职能包括政治职能、经济职能、社会职能和文化职能。十八届三中全会首次提出了政府的"环境保护"职能，体现了政府职能观的转变，也表明生态职能的确定是政府应对复杂严峻的生态环境危机的必然选择。

在主体功能区林业生态建设中，政府担负着重要的职能。政府是拥有公共权力、管理公共事务、代表公共利益、承担公共责任的政治组织，代表着社会的公共利益、整体利益和长远利益。政府在向社会提供森林生态产品和生态服务，促进人与自然和谐和可持续发展的过程中，需要权衡各种影响因素，对林业生态建设进行总体规划和安排；分析和预测林业生态建设未来的发展趋向和情况变化；制定林业生态建设的目标、任务并拟定实现计划目标的方案、措施，对各种方案进行可行性研究和比较，选出可靠的满意方案。

林业生态建设具有代际性、永续性的特征。这使政府需要运用自身所能支配的各种资源，积极地参与到林业生态建设的各项活动当中；需要用更为预见、预测、预防的辩证思维，编制林业生态建设的综合规划和具体计划，制定林业生态建设的法规和政策，将可持续发展观具体落实、体现在林业生态建设政策中。

政府在林业生态建设中，应积极履行生态职能，保护和修复受损的林业生态环境，使其作为一种生态资本实现增值。政府应该加大生态教育和宣传力度，提高人们的林业生态意识，鼓励公众、企业改变其生产生活行为，使人们在林业生态建设的活动中受到理性和道德的约束，自觉地处理好人和自然的关系，走可持续发展道路。

政府应该通过市场和非市场的双重力量对林业生态建设进行积极推动，一方面指导和约束与林业生态建设有关的活动；另一方面利用自身的财政力量，对林业生态建设进行投资、补贴等方面的支持。

主体功能区林业生态建设是一项涉及多地区、多部门、多行业的复杂系统工程，这就需要政府制定合理的公共政策，对森林资源进行权威性的价值分配，协调、处理各方的利益冲突。为了完成主体功能区林业生态建设的任务，政府需要建立合理的组织机构，按照业务性质确定各部门的职责范围，给予各部门和管理人员相应的权力，明确各部门之间的分工与协作关系。为了使各地区、各部门建立起密切的分工协作关系，政府还需要进行有效的协调和监督。特别是对一些跨地区、跨部门的林业生态建设问题，政府必须要加以协调。政府还需要建立考核和奖惩制度，对林业生态保护行为进行激励，对林业生态建设活动进行监督，对生态建设质量监测并对一切破坏生态建设的行为进行检查和处理。此外，政府还应当引导社会多元力量参与到林业生态建设中，采取有效的手段对社会、市场的力量进行有效的疏导，引导其在林业生态建设中发挥积极有效的作用，寻求新的林业生态建设路径。

5.2　主体功能区林业生态建设目标的政府间传递

5.2.1　主体功能区林业生态建设目标在中央政府与省级政府间的传递

按照全国主体功能区规划及林业"十三五"的发展规划，主体功能区林业生态建设的主要目标应该定位于：

1. 远期目标：2021~2050 年

各主体功能区的主体功能得到全面发挥，国土空间得以科学开发，全国适宜治理的水土流失地区已得到整治，宜林地全部绿化，林种、树种结构合理，森林覆盖率达到并稳定在 30%以上；坡耕地实现梯田化，三化草地得到全面恢复，林业生态建设步入良性循环的轨道，林业生态建设区域内基本公共服务以及林区职工、林农的生活达到全国平均水平。

2．近期目标

1）提升森林可持续发展能力

森林生态系统稳定性明显增强，生态退化面积减少，天然林、湿地、重点生物物种资源得到全面保护，森林覆盖率将提高到 23.04%，森林蓄积量达到 165 亿立方米以上，增加 14 亿立方米，林业自然保护地占国土面积稳定在 17% 以上，新增沙化土地治理面积 1 000 万公顷，生态环境质量总体改善，国土生态安全屏障更加稳固，草原植被覆盖度明显提高，自然灾害防御水平提升，应对气候变化能力明显增强。

2）扩大绿色生态空间

到 2020 年，林地保有量增加到 312 万平方千米，草原面积占陆地国土空间面积的比例保持在 40% 以上，河流、湖泊、湿地面积有所增加；单位面积城市空间创造的生产总值大幅度提高，单位面积绿色生态空间蓄积的林木数量、产草量和涵养的水量明显增加。

3）林业生态公共服务更趋完善

林业公共服务水平不断增强，优质生态产品更加丰富。到 2020 年，森林年生态服务价值达到 15 万亿元，林业年旅游休闲康养人数力争突破 25 亿人次，国家森林城市达到 200 个以上，人居生态环境显著改善。具体指标情况如表 5.1 所示。

表 5.1　2015~2020 年主体功能区林业生态建设主要指标变化情况表

指标名称	2015 年	2020 年	增减变化幅度/%
森林覆盖率/%	21.66	23.04	6.37
森林蓄积量/亿米³	151	165	9.27
林地保有量/万公顷	31 100	31 230	0.42
湿地保有量/万公顷	5 342	5 342	0
国家重点保护野生动植物保护率/%	90	95	5.56
新增沙化土地治理面积/万公顷	1 000	1 000	100
林业自然保护地面积占国土比例/%	15	17	13.3
混交林占比/%	39	45	15.38
单位面积森林蓄积量/（米³/公顷）	89.79	95	5.80
生态服务价值/（万亿元/年）	13.84	15	8.38
森林植被碳储量/亿吨	84.27	95	12.73

资料来源：国家林业局

由表5.1可以看出，与2015年相比，2020年我国的生态承载力将明显提升，除了湿地保有量稳定在5 342万公顷外，其他林业生态指标均有不同程度的增加，林业生态建设的任务十分艰巨。这就需要按照山、水、林、田、湖生命共同体的要求，以森林为主体，系统配置森林、湿地、沙区植被、野生动植物栖息地等生态空间，构建"一圈三区五带"的林业生态建设新格局（国家林业局，2016）。其中，"一圈"是指京津冀生态协同圈，重点是打造京津保核心区并辐射到太行山、燕山和渤海湾的大都市型生态协同发展区，增强城市群生态承载力，改善人居环境，提升国际形象。"三区"是指东北生态保育区、青藏高原生态屏障区和南方经营修复区，是我国国土生态安全的主体，是全面保护天然林、湿地和重要物种的重要阵地，为此应该重点保护好森林资源和生物多样性，发挥生态安全屏障、涵养大江大河水源和调节气候的作用。"五带"是指北方防沙带、丝绸之路生态防护带、长江（经济带）生态涵养带、黄土高原—川滇生态修复带、沿海防护减灾带，是我国国土生态安全的重要骨架，是改善沿边、沿江、沿路、沿山、沿海自然环境的生态走廊，也是扩大生态空间、提高区域生态承载力的绿色长城，重点应该是防护林建设、草原保护和防风固沙，加强水土流失防治和天然植被保护。

为了实现上述主体功能区林业生态建设目标，中央政府需要对全国范围内的林业生态建设项目进行统筹规划，并主要负责对具有全局利益和长远利益的国家级重点生态功能区的林业生态建设项目予以补偿和政策支持。在这一过程中，最为关键的是中央政府要将林业生态建设的目标准确地传递给省级行政区政府（包括中央直辖市、自治区政府，简称省级政府）及地方各级政府。

中央政府主体功能区林业生态建设政策设计的初衷，是要提供足够的生态物品及服务。中央政府力图引导省级政府提供足够的生态服务，并沿着林业生态建设质量优化的路径演进。而就省级政府而言，则是要在满足预算约束与资源禀赋的前提下，提供符合自身效用偏好的生态服务。省级政府在争取林业生态建设任务以及以后的规划、设计、任务分配、种苗供应、工程动员、林业生态建设质量验收与核查等一系列环节中起着主导性作用，而且在林业生态建设数量上也起着主导性作用（聂强，2006a）。

在主体功能区林业生态建设中，中央政府更注重实现全局和长远的利益目标，而省级政府更多追求的则是省级的局部利益。在传统的发展观和政绩观的影响下，经济利益往往是省级政府的主要目标。就目前来看，追求经济的发展和省级财政收入的增长是许多省级政府共同的首要的利益目标。在不同的利益目标下，中央政府和省级政府间虽然总体上是命令服从式的等级行政隶属关系，省级政府需要执行中央的政策和决策，但是省级政府作为省级事务的管理主体，又代表着省级的局部利益。为了追求本地区利益的最大化，省级政府必然和中央政府存在着利益的博弈。从整个的林业生态建设过程来看，中央政府的目标路径是数量扩张—质量提升—数量再扩张—质量优化……从总体来看，在这一过程中，林业生态建设的质量要求进一步提高，直到达到某个极限值。在省级的林业生态建设方面，省级政府更具有管理所需信息方面的优势。省级政府与中央政府的效用函数存在一定的差异，从而并非在任何情况下都会遵守中央的林业生态建设目标要求。当中央政府制定、实施林业生态建设方案时，如果有利于省级的利益，省级政府就会加以贯彻执行，林业生态建设目标得以顺利实现；如果不利于省级的利益，省级政府可能就会采取各种方式以尽可能地不作为，从而偏离中央的林业生态建设目标。为此，为了有效推进主体功能区林业生态建设，中央政府必须在林业生态建设政策的实施上给予各省级政府明确的信息，防止省级政府的投机、侥幸、消极的心理和行为。对于省级的林业生态建设，中央政府要对省级政府进行充分授权，调动省级政府林业生态建设的积极性、主动性和创造性。对省级政府在林业生态建设过程中遇到的困难，中央政府也需要加以积极的指导并帮助解决。而省级政府则应向中央政府提供本省区真实的林业生态建设信息，采取合作的态度积极贯彻执行中央主体功能区林业生态建设政策和制度，协力推进主体功能区林业生态建设目标的实现。

5.2.2　主体功能区林业生态建设目标在同级政府间的传递

同级政府不仅包括同一级别的省级政府，还包括同一省域内的同级地方政府。地方政府在进行主体功能区林业生态建设时将会面临更大的困难，随时都会面对长远利益和眼前利益、经济效益和生态效益等一系列错综复杂关系和矛盾的考验。

在主体功能区林业生态建设领域，同级地方政府间首先存在利益的竞争和冲突关系。主体功能区林业生态建设具有典型的非排他性和非竞争性特征，并且需要有生态建设成本的支出及丧失发展机会对当地经济增长的影响，因此如果不同主体功能区的同一级别的地方政府没有合作，限制开发区和禁止开发区的政府，由于没有享受到林业生态建设所带来的全部收益，或者说承受了优化开发区或重点开发区政府不进行生态建设所带来的负外部性，就会丧失林业生态建设的积极性和动力。所以，不同主体功能区的地方政府从追求本地区利益最大化出发，都希望能不付出成本而从其他功能区政府的林业生态建设行为中"搭便车"，对于跨地区、跨流域的主体功能区林业生态建设来说，更是不会主动参与。

同一级次地方政府管理的地理边界是非常明确的，地方财政的形成、增长和使用必然严格地局限在行政区边界之内，对于全局性和外部性的具有公共物品性质的生态环境来说，一些区域为其他区域提供了生态服务，如森林生态系统的服务、减少水土流失等，却很难从其他区域的政府那里得到补偿（丁四保和王昱，2010）。在片面追求经济增长的动机下，如果当地的生态环境问题还没有凸显到严重程度，当地政府就很少会在主体功能区林业生态建设上投入更多资金。再加上林业生态建设本身所固有的外部性问题，地方政府就更会倾向于把本地区林业生态建设的投入寄希望于中央和其他地方政府。不同主体功能区的地方政府不仅缺乏动力进行林业生态建设，而且为了地方的经济利益，地方政府还可能不惜以牺牲环境资源为代价，提高本地区的经济竞争力，由此引发地区间的环境冲突。这种冲突虽然常常体现为不同地区林农间的纠纷和冲突，但究其根源却是地方政府之间在林业生态建设目标上的矛盾与不一致。

5.2.3　主体功能区林业生态建设目标在同一省域不同层级政府间的传递

上一级政府代表的是更为广泛的整体利益，从整体利益出发，它会通过强制力将主体功能区林业生态建设目标与方案的安排传达给下一级政府，从而推动林业生态建设及其生态补偿的实施。省级政府往往通过出台办法、指导意见等形式，规定本省内不同市、县等基层政府在主体功能区林业生态建设及其补偿中的权利和义务，形成一套补偿机制的方案，并依托政府强制力来促使方案的实施。

上一级政府会要求下一级政府进行林业生态建设。然而，我国目前的政策制定过程中并没有相关的程序规定基层地方政府一定要参加政策规划，这就使基层地方政府对于政策文本的理解程度不高，它们往往会从自己的角度去权衡执行某项主体功能区林业生态建设政策将给自己带来的收益或损失。政策制定过程中的参与缺位使下一级政府、企业、林农等无法真正理解主体功能区林业生态建设的战略内涵，缺乏对主体功能区林业生态建设政策系统整体目标取向的正确认识。

林业生态建设总体目标尽管由中央政府制定，但是在具体实施中主要由地方政府负责。按照公共管理理论，集体行为归根结底由个人行为决定。依此推论，地方政府行为动机最终也是由其中的政府官员的动机决定的。所以，该过程是地方政府官员利用公共资源实现地方集体利益、公共利益的过程，同时也是地方政府官员谋求自身利益最大化的过程。政府官员既是政策的制定者，又是政策的执行者。由于政府官员也是"经济人"，都本能地追求个人利益最大化。因此，地方政府官员的"经济人"性质，决定了由各个地方政府官员组成的地方政府也必然具有"经济人"特征，并会引起不同层级地方政府之间的竞争（徐诗举，2011）。

由于中央政府或者省级政府的转移支付数额不足，地方自有资金又有限，下一级地方政府会自觉不自觉地对项目进行选择，它们无力也不愿顾及溢出性项目。做什么、做到什么程度，很大限度上取决于地方政府在具体实施中的"自由量裁权"（余璐和李郁芳，2009）。这种自由量裁权在实施过程中，会无视中央政府或者省级政府试图内部化地区间外部性的努力，从地方本位主义出发，确定本地林业生态建设的供给数量。例如，在林业生态建设过程中，在地区间缺乏生态合作的情况下，如果生态效益外溢的限制开发区域或者禁止开发区域缺乏足够的林业生态建设资金支持，而它与上一级政府进行的谈判力不足，那么限制开发区域或者禁止开发区域的地方政府就会以各种理由缩减林业生态建设的有效支出，使主体功能区林业生态建设的供给额度难免会小于需求水平，从而偏离林业生态建设目标。

5.3　主体功能区林业生态建设补偿中的权力运作方式与政策遵从

所谓政府权力，是指公众将自己的一部分权利和公共资源交给政府管理，政府通过权力运作，确保社会秩序的稳定和生活质量不断提高的能量和能力（杨黎源，2003）。权力唯有运行并作用于客体才能产生权力效应。权力运作方式作为权力结构中的关键性因素，是提升政府治理能力的决定性因素（陈义平和黄方，2014）。政府权力的运作体现了国家意志的实现。权力的运作过程能否按照法律的规定进行关系到相关利益群体根本利益的保证和实现。

通过上述分析可以看出，主体功能区林业生态建设目标在政府间传递时会存在不同程度的偏离或缺失，除了理解上的误差之外，最主要的原因在于对利益的权衡。代表自身利益的政府更倾向于本区域的发展利益，而忽视对其他区域的负面的生态环境影响（王昱等，2012）。所以，中央政府或上级政府在林业生态建设过程中不仅要保护各地方政府的发展权利，还要给予那些为了进行林业生态建设而承受利益损失的限制开发区或禁止开发区以生态补偿。

政策目标是政府针对某一公共政策问题而采取的行动或解决措施所要达到的目的、指标和效果。在主体功能区林业生态建设补偿中，中央政府的政策目标是决定如何运用有限的资源，即选择补偿投入的地区、项目、目标群体和投入的数量、方式、期限等，以尽可能高效地实现主体功能区林业生态建设的目标。当中央政府对下达给地方政府补偿指标的大小以及对地方政府给予多少转移支付进行权衡时，中央政府希望能够以某种既有效率又不失公平的方式来平衡主体功能区之间供给林业生态建设补偿上的差异。每个地方政府都希望尽可能多地获得中央政府提供的补偿，然而政策的选择性意味着有的地区获得了补偿，而有的地区没有获得补偿，或者有的地区多获得了补偿而有的地区获得的补偿较少。

主体功能区林业生态补偿政策的执行效能取决于不同主体功能区的地方政府、企业、林农等对该项政策的遵从程度，它不仅指地方政府、企业、林农等对主体功能区林业生态补偿政策的行为服从，还强调它们在心理态度和评价基础上形成的政策认同。

主体功能区林业生态补偿政策一经制定，经过合法化过程之后便进入政策执行阶段。主体功能区林业生态补偿政策自身的特性就是对整个社会的价值和利益进行重新分配，在这个过程中不同主体功能区的地方政府、企业、林农等对于政策的理解决定了它们对利益得失的理解，它们在执行主体功能区林业生态补偿政策之前通常会进行相关的计算，如执行后的长期效用与短期效用以及遵从政策的成本效益等，并进行相应对比；通过一系列的量化计算做出自己的行为选择，进而决定是否采取顺从性的执行行为。

主体功能区林业生态补偿政策的遵从程度还会受到政策环境的影响。政策环境决定了政策方案是否合理、政策执行机构的组织构成、政策资源配置情况、政策执行人员的行为规范和政策问题的可解决性等相关要素的基本状况。政策环境是产生不同群体政策诉求的原初动力，也是不同主体功能区的地方政府、企业、林农等执行政策时的考量依据（刘宇轩，2015）。当政策环境较为稳定时，不同主体功能区的地方政府、企业、林农等更愿意顺从性地执行主体功能区林业生态补偿政策；当政策环境难以把握时，不同主体功能区的地方政府、企业、林农等政策遵从的动力则明显不足。

5.4　主体功能区林业生态建设补偿效率面临的潜在威胁

5.4.1　政府的行为或作用失效

政府失效是指政府活动过程中的低效性和活动结果的非理想性，也可以说是政府作为一种外部力量对主体功能区林业生态建设补偿的调节作用失灵或产生负面影响。

从主体功能区林业生态建设补偿政策制定和实施的成本来看，如果政策制定得过于复杂或政策制定得过于细致都将导致监督成本升高，当政策运行的直接成本和政策运行的机会成本大于政策实施所带来的收益时，该项补偿政策对于社会福利的影响为负值，形成政策失效。从补偿政策的实施过程来看，政策执行、实施中各种时滞的存在，导致补偿政策极易在不适当的时候发挥不适当的作用。例如，退耕还林的补偿政策在设计时需要对退耕地的坡度、树木的种类、林木的栽植密度和苗木的成活率及保存率等加以严格考量。由于山区的地理条件与平原有着很大差异，地形比较复杂，再加上退耕地也较为分散，这就为补偿政策的有效实施带来了困难。此外，政策的制定、实施和发生效果的过程，实际上是一个博弈或互动的过程。主体功能区林业生态建设补偿中各个相关利益主体会对政策出台进行理性预期，并对可能损害本身利益的政策采取防范措施；在政策出台后，各相关利益主体仍会从维护自身利益角度出发采取相应的对策。这样政策实施的效果就会有很大的不确定性，难免出现政策失效。

对于主体功能区林业生态建设补偿而言，政府作用失效可能有三种情况：一是政府干预市场、弥补市场缺陷的措施可能产生无法预料的副作用。例如，在森林资源的产权变动中，由于缺乏科学的规范化管理，森林资源资产的真实价格难以实现，出现有意低估森林资源资产价格等问题，严重侵犯了林农及国家所有者的利益。二是政府干预主体功能区林业生态建设补偿的一些政策手段之间存在相互牵制、作用相向的关系，难以有效实现预期效果。三是政府在纠正分配不公平时，其自身的活动可能会无意中发挥着产生新的分配不平等的作用，主要表现在对主体功能区林业生态建设补偿标准制定得不够合理，补偿政策在不同地域的主体功能区之间有失公平。这将不可避免地降低主体功能区林业生态建设补偿的效率。

5.4.2　信息不对称

信息不对称是指在市场经济活动中，各相关利益主体对有关信息的了解是有差异的，掌握信息比较充分的利益主体会处于比较有利的地位，而信息贫乏的利益主体则处于比较不利的地位。信息经济学认为，信息和资本、土地一样，是一种需要进行经济核算的生产要素。社会资源的分配和再分配过程实际上是相关利益主体围绕价格进行资源博弈的过程，对信息的优先占有则可以在博弈中获得相关的利益。信息不对称将会造成利益失衡，不可避免地影响到社会公共资源的配置效率，并可能导致逆向选择。

在林业生态建设工程中，中央政府通过逐级分解，与地方政府形成了契约关系。中央政府具有较强的生态偏好，倾向于质量优化型林业生态建设路径（聂强，2006b）。相对于中央政府而言，地方政府更具有信息优势，地方政府具有较强的经济偏好，会尽可能追求林业生态建设数量扩大，而以林业生态建设质量的损失为代价。这会增加林业生态建设数量扩张的成本，数量扩张带来的林业生态建设困境又会进一步加大质量提高的成本。

由于自然、地理、气候等因素的影响以及缺乏相应的技术与经验准备，林业生态建设的结果往往面临很大的不确定性。即便合约是完备的，由于信息的不对称及中央检查验收的力度有限，地方在检查验收中可能与林农合谋，故意模糊验收标准或者采取虚报林业生态建设面积的方式以完成中央的林业生态建设任务（王昱等，2012）。如果在林业生态建设质量标准上缺乏明确的界定，既会导致林业生态建设质量的降低，又将导致林业生态建设补偿资金的使用效率低下。

5.4.3　长期补偿效果的不确定性

政府主导下的林业生态建设补偿的最大优势就是能够节约交易成本，从而能够保证生态建设得以顺利实施，使项目区的总体生态环境有所改善，生态服务功能得到恢复，水土流失、土地沙化、退化等形势好转，地表林草的覆盖度有较大提高（李新平和朱金兆，2005）。在中央及各级政府的推动下，2005~2014 年我国主要营林情况如表 5.2 所示。

由表 5.2 可知，2014 年与 2005 年相比，造林面积增加了 1 911 931 公顷，增幅为 52.56%；年末实有封山（沙）育林面积增加了 2 724 684 公顷，增幅为 12.39%；而低产、低效林改造面积增加了 359 315 公顷，增幅达到了 109.53%。

在造林面积迅速扩大的同时，造林质量不高的问题则十分严重。造林工程中林种单一、病虫害高发等问题始终成为林业生态建设的隐患，森林质量不高、资金投入不足、抚育管护不力、人为破坏严重、边建设边破坏、用地矛盾突出等问题，不可避免地影响到了该工程的纵深发展，也使补偿资金的使用效率受到影响。

林业生态建设所取得的效果是否能得到巩固和发展，有赖于长期的补偿政策。例如，国家对生态移民的补偿，现行的补偿方式多是通过移民安置工程，给予移民户直接的经济补偿。实践证明，直接的经济补偿并不能很好地解决生态移民问题，缺乏长效性，移民户可能因后续生计困难而回迁，或是滋生一些社会问题（丁四保和王昱，2010）。又如，天然林保护工程，如果在工程期结束后没有与之相

表 5.2　2005 年~2014 年全国营林生产主要情况表

指标名称	单位	2005 年	2006 年	2007 年	2008 年	2009 年	2010 年	2011 年	2012 年	2013 年	2014 年
一、造林面积	公顷	3 637 681	3 838 794	3 907 711	5 353 735	6 262 330	5 909 919	5 996 613	5 595 791	6 100 057	5 549 612
（一）按造林方式分											
1.人工造林	公顷	3 221 295	2 446 122	2 738 521	3 684 261	4 156 293	3 872 762	4 065 693	3 820 704	4 209 686	4 052 912
其中:竹林面积	公顷	87 533	45 071	64 227	80 711	87 468	69 978	74 580	41 424	47 794	46 903
2.飞播造林	公顷	416 386	271 803	118 671	154 065	226 337	195 948	196 931	136 409	154 400	108 055
3.无林地和疏林新封	公顷		1 120 869	1 050 519	1 515 409	1 879 700	1 841 209	1 733 989	1 638 678	1 735 971	1 388 645
（二）按经济成分分											
1.公有经济造林	公顷	1 558 931	1 926 019	2 241 258	2 904 143	3 583 134	3 266 278	2 947 928	3 009 993	3 255 217	2 915 900
其中:国有经济造林	公顷	778 463	821 210	1 062 166	1 392 443	1 820 928	1 746 703	1 467 113	1 506 978	1 602 727	1 402 267
集体经济造林	公顷	780 468	1 104 809	1 179 092	1 511 700	1 762 206	1 519 575	1 480 815	1 503 015	1 652 490	1 513 633
2.非公有经济造林	公顷	2 078 751	1 912 775	1 666 453	2 449 592	2 679 196	2 643 641	3 048 685	2 585 798	2 844 840	2 633 712
（三）按种种用途分											
1.用材林	公顷	607 547	481 629	610 367	782 109	801 317	809 937	1 019 320	774 398	1 057 558	1 092 351
2.经济林	公顷	2 667 953	403 322	478 417	850 771	1 002 555	1 110 896	1 218 281	1 101 053	1 233 676	1 139 192
3.防护林	公顷	2 678 214	1 824 687	2 790 172	3 697 163	4 407 654	3 943 432	3 688 827	3 650 842	3 748 409	3 238 663
4.薪炭林	公顷	16 074	4 837	7 993	4 020	23 705	18 887	36 805	41 145	24 898	36 950
5.特种用途林	公顷	8 291	3 450	20 762	19 672	27 099	26 767	33 380	28 353	35 516	42 456
（四）按树种类型分											
其中:速生树种	公顷	—	—	—	—	—	740 974	926 657	755 149	1 031 244	909 343
乡土树种	公顷	—	—	—	—	—	3 404 268	3 790 122	3 593 927	3 735 831	3 490 518

续表

指标名称	单位	2005年	2006年	2007年	2008年	2009年	2010年	2011年	2012年	2013年	2014年
珍贵树种	公顷	—	—	—	—	—	101 522	52 081	60 563	94 174	91 585
(五)按结构类型分											
1.纯林	公顷	—	—	—	—	—	3 196 667	3 523 366	3 387 397	3 508 627	3 317 425
2.混交林	公顷	—	—	—	—	—	2 713 252	2 473 247	2 208 394	2 591 430	2 232 187
二、有林地造林面积	公顷	—	—	504 274	326 754	463 485	388 021	416 352	581 520	688 152	602 625
1.林冠下造林	公顷	—	—	115 661	97 472	137 386	76 355	119 864	150 484	169 518	135 839
飞播营林	公顷	—	—	5 022							1 599
3.有林地和灌木林地补封	公顷	—	350 784	383 591	326 099	326 099	311 666	296 488	431 036	518 634	465 187
三、更新造林面积	公顷	407 546	408 240	390 911	424 003	344 254	306 708	326 641	305 065	303 086	292 453
四、四旁(零星)植树	万株	214 246	232 487	245 438	235 499	245 555	246 930	245 776	239 418	235 734	205 721
五、年末实有育(沙)育林面积	公顷	21 994 790	20 202 327	20 643 218	21 526 252	21 537 816	23 938 134	23 481 113	24 140 908	25 178 730	24 719 474
六、森林抚育改造面积											
1.低产、低效林改造面积	公顷	328 060	296 056	290 609	395 861	543 412	665 598	788 810	707 499	758 327	687 375
2.未成林抚育作业面积	公顷	17 327 735	17 637 976	16 263 151	15 042 955	14 878 720	13 011 459	12 800 526	9 396 281	7 751 527	6 966 646
3.中、幼龄林抚育面积	公顷	5 010 578	5 509 647	6 497 589	6 235 347	6 362 619	6 661 746	7 334 450	7 661 686	7 847 187	9 019 639

资料来源：根据《中国林业统计年鉴》整理编制

衔接的后续补偿政策,就容易导致滥砍滥伐问题的出现,地方的生态经营模式也可能因缺少继续扶持而夭折,导致补偿效率丧失。

总体而言,政府主导下的林业生态建设补偿短期效率较高。但从长期来看,补偿政策的短期效率与长期效率有可能不一致,既有的政策效果有可能丧失或产生其他一些负面效应,补偿的远期效率面临着潜在威胁。因此,在主体功能区林业生态建设补偿中,不仅需要长效的后续补偿机制建设,更亟须对方式创新的探索。

5.5 主体功能区林业生态建设的跨区域补偿

总体来说,政府的介入和生态补偿的提供可以在一定程度上解决主体功能区林业生态建设的负外部性问题。但在承担生态补偿责任时,不仅存在着上级政府与下级政府之间的纵向关系,还存在着不同主体功能区之间、地方政府与地方政府之间的横向关系。从经济学的"边际效用"理论来分析,国家有限的林业生态建设补偿投入,只有在各地区所取得的边际效用相等时,才能达到总效用的最大化(丁四保和王昱,2010)。但是在不同主体功能区域内采用大致相同的补偿标准,会对不同的地区产生不同的激励效果,使不同的受补偿个人和群体之间产生利益上的不平衡,使有限的林业生态建设补偿投入在使用上出现效率损失。

林业生态建设具有显著的跨区域性,区域性生态服务的各受益地区往往隶属于不同的行政区划,分属于不同级次的财政,这使主体功能区林业生态建设补偿的区域协调问题成为生态补偿制度推进中的重大难点和"瓶颈"。主体功能区林业生态建设补偿的非均衡性和差异性特征十分明显,导致这一局面的主要症结在于:一是对不同主体功能区之间的生态补偿关系是否协调、协调的程度如何没有把握,不能及时、有效地进行政策配套与调整;二是对主体功能区林业生态建设关系协调发展的内在运行机理认识不足,缺乏内在激励,从而难以形成促进不同主体功能区生态补偿协调发展的持久动力;三是既有政策措施往往相互抵消,难以形成促进不同主体功能区之间林业生态建设协调发展的"合力"。

由于生态经济鸿沟的存在,政府的行为要么因为生态而损失发展,要么因为发展而损失生态(丁四保和王昱,2010)。主体功能区域是开放的地理空间,一个主体功能区域生态环境的任何变化都会对其他主体功能区域和整个外部系统产生作用和影响。对于不同的主体功能区域,它们之间会存在横向上的发展差异以及对资源和发展机会的竞争。代表自身区域利益的政府会在发展与生态环境的两难选择中更倾向于本区域的发展利益,而经常忽视对其他区域的生态负面影响。

　　地方政府间的生态、经济利益冲突的解决有赖于政府间林业生态建设补偿合作机制的建立。目前，地方政府间不仅在经济领域的合作日益紧密，而且在林业生态建设领域的协调与合作也已成趋势。在优势互补、互惠互利等原则的基础上，地方政府间可以形成得到各地方政府普遍认可的林业生态建设补偿的协调合作机制，建立跨行政区的林业生态建设补偿协调管理机构，借助于上一级政府的调节与调控，在上一级政府主持下，推进重点开发区、优化开发区对限制开发区或者禁止开发区的补偿，使跨域林业生态建设补偿难题得到有效的破解。

第6章 主体功能区林业生态建设补偿机制的基本架构

6.1 补偿的基本原则

主体功能区林业生态建设补偿机制的构建目标在于弥补各主体功能区之间及主体功能区内森林资源开发利用不公平和发展机会不均等的现象，以加快森林生态系统的良性循环，实现社会、经济建设与生态文明建设的协调发展，促进各主体功能区实现人与自然的和谐、可持续发展。由于主体功能区地区分布的差异性、生态产品的空间能动性及林业生态建设的复杂性，对主体功能区林业生态建设补偿机制的设计应是动态的、差异化的。主体功能区林业生态建设补偿的原则，应体现生态补偿的本质、目标及补偿原理，并贯穿于主体功能区林业生态建设补偿的每一个环节，对补偿机制的设计、实施具有普遍的指导意义。

6.1.1 整体性与差异性相结合

整体性，也即系统性，要求把决策对象视为一个整体，以系统整体目标的优化为准绳，协调整体中各组成部分的相互关系，力求整个系统的均衡。各主体功能区是有机联系、不可分割的整体，因此，在主体功能区林业生态建设补偿机制的设计中，应该将各类主体功能区林业生态建设的特点置于国家整体林业生态建设中去权衡，以国家的整体目标为基准。与此同时，主体功能区地域辽阔，森林资源类型多样，区域经济社会发展水平不同，生态质量状况、林业生态建设能力以及面临的林业生态建设问题不同，在推进主体功能区林业生态建设中补偿标准和方式也应因区域差异而有所不同。基于此，应当依据不同主体功能区的生态功能类型，按照林业生态建设任务的紧迫性、森林生态系统破坏程度及经济社会发展实际，确定不同主体功能区林业生态建设补偿的重点及优先次序，在着眼于全局的基础上兼顾主体功能区的特殊区域并采取相应的补偿方式及补偿途径。

6.1.2　兼顾效率与公平

效率是指稀缺资源在社会各部门之间的合理配置和优化组合；公平是指相关利益主体之间利益和权利分配的合理化，是以等利交换关系为核心内容。从广义上来说，公平包括经济、政治和法律等各个方面的平等；从狭义上来说，仅指经济利益和权利的平等，包括机会平等和收入分配平等。在主体功能区林业生态建设补偿中，效率与公平应是相互依存、相互促进的。一方面，通过效率原则，实现森林资源的有效配置，科学设定补偿的价值内容、标准、规模及具体途径，为公平分配奠定良好的物质基础。另一方面，公平是效率的必要条件，可以调动林业生态建设各相关利益群体的积极性，促进补偿效率的提高。主体功能区内所有区域都应享有平等的发展权，但由于自然因素及社会发展的先后差异，主体功能区中的限制开发区和禁止开发区在发展时往往存在不公平待遇，生态建设与经济发展的矛盾也越来越明显。为此，应该合理界定主体功能区林业生态建设补偿中的权利义务关系，推进主体功能区林业生态建设补偿的沟通协调平台建设，弥补限制开发区和禁止开发区林业生态建设所形成的机会成本，从而促进主体功能区的协调发展。

6.1.3　政府、市场与社会合理分工

效率原则的实现主要以市场机制为基础，公平原则的实现则要靠政府的调节。我国生态补偿起步晚，在生态补偿体系、框架、制度和手段等不成熟的背景下，政府强势介入是加快构筑生态补偿机制的内在要求（孟召宜等，2008）。林业生态建设所具有的公共产品性质决定了市场经济体制下的微观主体是缺乏供应动力的，现阶段，重点生态功能区林业生态建设补偿机制的设计应以政府为主导，提供补偿的政策、资金和技术，并主动推进林业生态补偿项目，保障国土的生态安全。政府应根据林业生态建设质量和森林资源存量，制定主体功能区林业生态建设长远规划并适时调整有关补偿标准；根据主体功能区林业生态建设所提供的森林生态系统服务的公共性程度采取不同的补偿方式；建立、健全包括信息采集、

管理和发布在内的信息机制，为社会提供准确的市场交易信息，降低交易成本；推动国家级重点生态功能区的林业生态建设、修复和保护，加大政府购买服务力度。

为了提高补偿效率，还有必要引入市场机制。当森林生态服务的受益方较少且相对明确，提供方的数量在可控制的范围内时，市场补偿具有很大的可行性。随着主体功能区级别的进一步降低，内部次级单元少且行政隶属关系简单，空间跨度小，林业生态建设补偿关系趋于单一而明确，市场补偿将更具效率。但现阶段，即使采用市场补偿，也需要政府在生态环境服务的计量、认证和监测以及市场发育、技术支持和财务管理等方面提供服务和支持。与此同时，还应注重发挥社会的作用。社会是实施主体功能区林业生态建设补偿的重要力量，可以提供大量的补偿资金，政府应当引导社会公众积极参与，为它们的积极参与提供便利条件并在各项补偿政策的制定和实施过程中积极争取社会各界的广泛参与和支持。随着主体功能区林业生态补偿相关制度的完善、市场机制的成熟和重要问题的逐步解决以及人们对生态服务价值认识的逐步提升，政府将由主导作用转变为引导作用。

6.1.4　分阶段循序渐进

主体功能区划建设涉及优化开发区域与禁止开发区域、重点开发区域与限制开发区域、开发方与保护方、受益者与受损者等各种错综复杂的关系，而且开发受益范围及外溢效应又很难精准确定和计量（贾康和马衍伟，2008）。因此，主体功能区林业生态建设补偿机制的构建不可能一蹴而就，应该循序渐进、分阶段实施，在时间和空间上按轻重缓急有序地进行。我国不同主体功能区之间及不同省域的同一主体功能区之间差异显著，自下而上的主体功能区划分必然由于各省不同的原则、标准、指标体系和利益权衡而形成各不相同的省级主体功能区区划方案，中央政府难以在此基础上形成统一有效的补偿机制。因此，主体功能区林业生态建设补偿机制在设计时应遵循自上而下的技术路线，上下互动并支持部分省市先行试点进行自下而上的探索，为全国的主体功能区林业生态建设补偿提供基础性信息和具有可操作性的范例。与此同时，主体功能区林业生态建设补偿机制的设计与安排应着眼于整体利益，从长远的战略思维角度，根据主体功能区开发方向和发展潜力的分异规律，缩小地区公共服务的差距，协调好地域空间有限性与需求无限性的矛盾。不仅如此，在主体功能区林业生态建设补偿的不同阶段，还应将补偿政策与财政、人口、土地、投资、产业等宏观经济政策进行战略协调与配套，不断提升生态补偿的成效。

6.2　补偿主体、客体及补偿对象的界定

6.2.1　补偿主体的界定

生态补偿主体，即由谁来补偿。根据"谁受益、谁补偿"原则，主体功能区林业生态建设补偿的主体在理论上应是林业生态建设的所有受益者。由于林业生态建设的公共产品特性，所有人都可能成为受益者（尤艳馨，2007），但并非所有的受益者都成为林业生态建设补偿的主体，不能将补偿主体界定得过于宽泛，否则将使该生态补偿机制丧失可操作性。基于此，主体功能区林业生态建设补偿的主体应界定为，依照生态补偿法律规定有补偿权利能力和行为能力，负有林业生态建设的职责或义务，且依照法律规定或合同约定应当提供生态补偿费用、技术、物资甚至劳动服务的政府、社会组织及居民。

1. 政府

林业生态建设是一项极其复杂的系统工程，尤其在现阶段市场机制不太成熟的情况下，更需要能够代表公众利益的行为主体来对其补偿予以组织、施行，这就要求在相当一段时间内补偿的经常性主体必然是中央政府与省各级地方政府，特别是优化开发区与重点开发区所在地的各级政府。

重点生态功能区森林生态服务的公共产品特性，使其产权界定成本高，也决定了政府是最具有强权属性的利益相关者。政府主要从提供公共品和服务的角度出发实施补偿，实质是依靠国家掌握的强制力依法对森林资源的利益收入进行再分配，间接干预市场经济活动，重在维护社会公平，实现社会经济的可持续发展。此外，政府在现阶段的主导作用需要其除对相关利益者进行直接补偿外，还应制定相应的措施、法规和保障机制，通过制度设计和政策引导，动员社会各界积极参与生态补偿，并为其提供便捷的方式和渠道，更多地筹集社会生态补偿资金，解决不同主体功能区之间的外部性问题。政府作为一类补偿主体又可以按级别分为中央政府补偿主体和地方政府补偿主体，而在其中，中央政府又将成为最主要的补偿主体。

中央政府管理国家级主体功能区以及其他生态补偿利益相关者的规制主体，负责具有全局意义、宏观层面上的生态补偿，根据不同主体功能区的森林生态状

况启动生态补偿项目，提供生态补偿资金，主要承担跨省主体功能区及国家级禁止开发区、限制开发区的补偿责任，如全国性的重要生态功能区保护、大型林业生态建设工程、大型生态修复工程及组织相关部门和技术人员对重要的林业生态建设和修复技术难题进行攻关等活动。

地方政府主要是对辖区范围内或由于中央政府和地方政府的分工而进行的范围相对较小的生态功能区的保护、生态环境修复等补偿活动。具体又有省、市、县（区）和镇（乡）几级政府补偿的不同分工区别，如对各自所管理的自然保护区等支付的各种费用。

地方政府从行政划分的角度来看，隶属于中央；从各不同区域的角度来看，又具有一定的独立性。因此，地方政府在主体功能区林业生态建设补偿中所充当的角色也具有二重性，即地方政府作为补偿主体是相对的。此外，地方政府在某些时候也可能成为补偿的对象之一，如当限制开发区为重点开发区提供了生态产品时，限制开发区的地方政府应当是补偿对象。

2. 社会组织、居民

社会组织主要是指所从事的生产经营活动、发生的经济行为会利用到森林生态资源或者从林业生态建设过程中获益的企业组织。居民是指自然人居民，即在本国居住时间长达一年以上的个人。由于林业生态建设的外部性效应，需要借助于生态补偿机制使外部性内部化，因此，社会组织或者居民等利益相关者就有可能成为补偿的另一主体。由于中央政府和地方政府财力有限，仅依靠政府作为补偿主体满足不了实际需要，因此，社会组织或者居民作为主体功能区林业生态建设补偿过程中的重要辅助群体，是政府补偿的有利补充。

作为主体功能区林业生态建设补偿主体的社会组织，还包括一些非营利性组织，即出于自身的政治目的、宗教信仰、个人伦理道德修养或对于公益事业的关心和热爱而自发组织起来的社会团体（尤艳馨，2007）。这些社会团体的补偿经费主要来源于对非利益相关者通过某种形式的捐助和资金募集，包括国际、国内各种组织和个人通过物质性的捐赠和捐助。另外，社会组织不仅是指我国国内的，还包括国际的，如国际环保组织等。

6.2.2　补偿客体的界定

生态补偿的客体是指补偿主体与受偿主体间权利义务共同指向的对象，具体到生态补偿法律关系中，是指围绕生态利益的建设而进行的补偿活动（尤艳馨，

2007），就是对什么予以补偿。具体而言，主体功能区林业生态建设补偿的客体主要包括如下几种。

1. 森林生态系统的建设与修复

森林生态系统是以乔木为主体的生物群落与其非生物环境所形成的具有一定结构、功能并能够进行自调控的自然综合体，是陆地生态系统中面积最多、最重要的自然生态系统。森林生态系统的服务功能主要是指森林在涵养水源、保育土壤、固碳释氧、积累营养物质、净化大气环境、森林防护、生物多样性保护及森林游憩等方面提供生态服务。

重视森林、保护生态已经成为国际社会的广泛共识。目前，我国森林生态系统退化严重，守住存量、扩大增量的任务十分艰巨。例如，新疆的森林覆盖率只有4.24%，人工林面积为94万公顷，天然林面积为142.15万公顷。为了提升森林质量，需要开展大规模的植树造林活动，集中连片建设森林，形成大尺度绿色生态保护空间和连接各生态空间的绿色廊道，加快红树林等海岸基干林带建设；以水源涵养林、水土保持林、护岸林为重点，加快中幼林抚育和混交林培育；强化森林抚育和退化林修复等措施，精准提升大江大河源头、重点国有林区、国有林场和集体林区的森林质量。与此同时，为了修复森林生态系统，往往需要对周边地区的采石、取土、开矿、放牧以及非抚育和更新性采伐等活动予以限制或禁止，根据森林资源状况和环境容量对旅游规模进行有效控制。一般而言，森林生态效益好的地方，往往是经济不发达地区，生态与经济的扭曲关系将使当地政府、企业和林农对造林绿化、生态公益林建设及生态保护缺乏热情。为此，对森林生态系统的建设与修复活动所发生的成本及所造成的各种损失给予合理的补偿，有利于动员全社会的积极性，保持森林生态系统功能的稳定性，促进培育健康、稳定、优质、高效的森林生态系统。

2. 湿地生态系统的保护

湿地生态系统主要由水生和陆生的生物群落组成，具有较高的生态多样性、物种多样性和生物生产力，在提供水源、蓄洪防旱、调节径流、调节气候、保护生物多样性及旅游休闲等方面发挥着重要功能，被誉为"地球之肾"。健康的湿地生态系统，是国家生态安全体系的重要组成部分。

我国湿地资源丰富，分布很广，2014年年底，我国耕地总面积在5 360万公顷以上，具体情况如表6.1所示。

表 6.1　湿地总面积位居前十位的省（自治区）的湿地资源情况表

省份	湿地总面积		近海与海岸湿地		河流湿地		湖泊湿地		沼泽湿地		人工湿地	
	面积/万公顷	占比/%	面积/万公顷	占比/%	面积/万公顷	占比/%	面积/万公顷	占比/%	面积/万公顷	占比/%	面积/万公顷	占比/%
青海	814.36	15.19	—	—	88.53	8.39	147.03	17.11	564.54	25.98	14.26	2.11
西藏	652.90	12.18	—	—	143.45	13.59	303.52	35.32	205.43	9.45	0.50	0.07
内蒙古	601.06	11.21	—	—	46.37	4.39	56.62	6.59	484.89	22.31	13.18	1.95
黑龙江	514.33	9.60	—	—	73.35	6.95	35.60	4.14	386.43	17.78	18.95	2.81
新疆	394.82	7.37	—	—	121.64	11.53	77.45	9.01	168.74	7.76	26.99	4.00
江苏	282.28	5.27	108.75	18.76	29.66	2.81	53.67	6.25	2.80	0.13	87.40	12.96
广东	175.34	3.27	81.51	14.06	33.79	3.20	0.15	0.02	0.36	0.02	59.53	8.82
四川	174.78	3.26	—	—	45.23	4.29	3.74	0.44	117.59	5.41	8.22	1.22
山东	173.75	3.24	72.85	12.57	25.78	2.44	6.26	0.73	5.41	0.25	63.45	9.41
甘肃	169.39	3.16	—	—	38.17	3.62	1.59	0.19	124.48	5.73	5.15	0.76
全国	5 360.26	100	579.59	100	1 055.21	100	859.38	100	2 173.29	100	674.59	100

资料来源：根据调研资料计算、整理编制

湿地是一种多类型、多层次的复杂生态系统,通过表 6.1 可以看出,在湿地类型中,以沼泽湿地面积最大,占湿地总面积的 40.54%,其次是河流湿地,占湿地总面积的 19.69%,二者合计占湿地总面积的 60.23%。湿地保护关系到多方的利益,需要各地、各部门和全社会的共同努力,湿地所在地政府和居民有权就采取保护措施所发生的支出获得补偿,如划入湿地保护范围的原属集体所有的土地,承担的额外成本或收入的减少,等等。

3. 荒漠生态系统防治

荒漠生态系统是指以超旱生的小乔木、灌木和半灌木占优势的生物群落与其周围环境所组成的综合体。荒漠生态系统十分脆弱,植被稀少,生态区位十分重要,荒漠植被遭到破坏后恢复困难而且易成为沙尘暴策源地,特别是我国西部地区,既是江河源头,又面临严重的沙漠化问题。对荒漠生态系统的防治工作予以补偿是维护荒漠生态系统平衡的需要。中央和地方政府可以通过合理的经济补偿弥补治理者不能利用灌木、药材及其他固沙植物等资源所承担的机会成本,有利于推动沙化土地封禁保护区建设;减轻沙区为保护生态所承受的压力,支持沙区农牧民更多地承担防沙治沙工作;加大荒漠植被的保护力度,有利于杜绝"边治理、边破坏"的现象发生。

4. 珍稀濒危野生动植物保护

野生植物是指原生地天然生长的植物,对于维持生态平衡和发展经济具有重要作用。我国野生植物种类非常丰富,如银杉、珙桐、银杏、百山祖冷杉、香果树等均为我国特有的珍稀濒危野生植物。珍稀濒危野生动物,是指生存于自然状态下、非人工驯养的、数量极其稀少和珍贵的、濒临灭绝或具有灭绝危险的野生动物物种。保护珍稀濒危野生动植物是恢复生物多样性的迫切要求。

对珍稀濒危野生动植物栖息地应该保护、修复和扩大,建设生态廊道,改善栖息地碎片化、孤岛化、种群交流阻断的状况;对大熊猫、朱鹮、虎、豹、亚洲象等 70 余种极度濒危野生动物和兰科等 120 种极小种群野生植物实施抢救性保护,开展就地、迁地、种源保护和野化放归回归,建设世界珍稀野生动植物种源基地。但在保护野生动物的过程中,也容易发生野生动物伤人或者破坏农作物等情况,这就需要对被野生动物袭击的受害者给予一定的经济补偿。

总之,在珍稀濒危野生动植物的保护过程中,对采取积极措施所花去的成本、给当地的生产生活造成的不利经济影响以及因保护野生动物而招致的人身、财产或其他方面的损失应当得到合理补偿。

5. 自然保护区建设

自然保护区，是指对有代表性的自然生态系统、珍稀濒危野生动植物物种的天然集中分布区、有特殊意义的自然遗迹等保护对象所在的陆地、陆地水体或海域，依法划出一定面积予以特殊保护和管理的区域，对促进国民经济的持续发展和科技文化事业的传承具有十分重大的意义。自然保护区往往是一些珍贵、稀有的动植物物种的集中分布区，如黑龙江省小兴安岭的大沾河湿地国家级自然保护区内有高等植物 570 多种，国家重点保护野生植物 13 种，野生动物包括白头鹤、东方白鹳等国家一类保护鸟类在内共 250 多种，而且大沾河湿地还是白头鹤在中国唯一的栖息繁殖地。2014 年林业系统自然保护区分类情况如表 6.2 所示。

表 6.2　2014 年林业系统自然保护区分类情况表

类别	数量/个	面积/万公顷
森林生态	1 335	3 518.34
湿地生态	428	3 161.14
荒漠生态	36	3 740.20
野生植物	116	150.20
野生动物	245	1 870.19
草原与草甸	2	2.31
自然遗迹	12	27.14
合计	2 174	12 469.52

资料来源：中国林业统计年鉴

由表 6.2 可以看出，在自然保护区的类型中，森林生态、湿地生态和荒漠生态三种类型占据主体，三者合计占总数量的 82.75%，占总面积的 83.56%。

在自然保护区的建设与保护过程中，需要对当地政府和林农造成的经济损失和其他损失予以合理的补偿。2014 年林业系统自然保护区分级情况如表 6.3 所示。

表 6.3　2014 年林业系统自然保护区分级情况表

级次	数量/个	面积/万公顷
国家级	344	8 112.86
省级	683	3 153.12
市级	307	534.36
县级	840	669.18
合计	2 174	12 469.52

资料来源：中国林业统计年鉴

由表 6.3 可以看出，国家级自然保护区虽然数量占总数量的 15.82%，但面积占总面积的 65.06%。省级自然保护区数量占总数量的 31.42%，面积占总面积的 25.29%；二者合计占总面积的 90.35%。可见，在自然保护区的补偿中，应以中央政府和省级政府为主。

6. 林业生态建设所丧失的公平发展权

发展权是一项基本人权。但在社会发展的不同阶段，国家可能出于整体利益需要，或者为了保护更重要的利益而对部分地区的发展权予以限制。例如，禁止开发区需要依据法律法规规定和相关规划实施强制性保护，严格控制人为因素对自然生态和文化自然遗产的原真性、完整性的干扰，引导人口逐步有序转移，实现污染物"零排放"，对不符合主体功能定位的各类开发活动都会予以禁止，以提高环境质量。为此，需要对相关建设者和保护者予以补偿，以弥补其发展权，营造公平的发展环境，促进人与自然的和谐发展。

6.2.3　补偿对象的界定

主体功能区林业生态建设补偿的对象也是受偿主体，是指因向社会提供森林生态服务、提供森林生态产品、从事林业生态建设或者因保护生态环境而使正常的生活工作条件或者财产利用、经济发展受到不利影响，依照法律规定或合同约定应当得到物质、技术、资金补偿或税收优惠等的地方政府、单位及个人。

1. 从事林业生态建设的单位和个人

依法从事林业生态建设的单位和个人应当得到相应的经济或实物补偿，如植树造林，具有明显的正外部性，给社会带来明显的生态效益，但植树造林者却很难从中得到收益，因此应予以补偿。再如，退耕还林工程，该工程是我国投资规模最大的生态工程，也是涉及面最广、工序最复杂的生态工程。按照新一轮退耕还林工程的规划目标，将具备条件的 25 度以上坡耕地、严重沙化耕地、重要水源地，15~25 度坡耕地和严重污染耕地退耕还林，增加林草植被，治理水土流失，到 2020 年，实施退耕还林 534 万公顷，明显扭转项目区水土流失和土地沙化的局面。此项工程浩大，牵涉地区和人员众多，不论是工程前期建设还是后期管护，不论是单位还是个体，都应对它们的付出给予等价补偿。

2. 重点生态功能区内的地方政府和居民

重点生态功能区是对林业生态建设具有重要意义的地理单元，在该区域范围内，经济建设要服从生态建设与保护，生态建设与保护的标准往往高于城市化地区，特别是工业企业设立的生态准入门槛高，森林资源的开发受到限制甚至禁止，如东北国有林区，为保护这里的森林资源，天然林全面停止了商业性采伐，以自然恢复为主，对退化、过密过疏的天然林采取退化林修复、抚育、补植补造等措施，促进天然林顶级群落演替，提升生态功能，而且原有森工企业多数被要求"关"、"停"或"转"。这些措施显然不利于东北国有林区经济的发展，使地方政府的财政收入大大减少，同时也严重影响了林区的教育、医疗、交通和其他公益事业的发展，居民就业择业也因此受到影响，生活水平无疑会降低。对此，应该给予该国有林区所在地的地方政府和居民相应的资金、优惠政策和技术等补偿，对他们丧失的发展机会给予弥补。

此外，重点生态功能区内的当地居民是林业生态建设的实施主体，其行为策略直接影响林业生态建设的成效。为此，重点生态功能区内的当地居民也应是重要的受偿主体，应通过适度补偿提高其享有的公共服务水平，弥补其经济损失，以使其做出正确的行为策略选择，保障林业生态建设的顺利实施，实现区域间的可持续协调发展。

6.3　补偿方式

各主体功能区所处地理位置不同，所以在森林资源禀赋和经济发展水平上都存在明显的差异性，这就需要在生态补偿方式上进行多样化设计，才能有效保证主体功能区林业生态建设补偿的顺利进行。

6.3.1　资金补偿

资金补偿是目前世界范围内最为普遍、常用的一种补偿方式，具有补偿直接、见效快的特点。优化开发区和重点开发区城镇化率较高，可以采用财政补贴、转移支付、政府公债、财政贴息、税收减免或退税、加速折旧、民间赠款或者利用建设项目吸引大量投资来进行补偿。限制开发区由于经济发展受到生态建设与保护的限制，可以采用建立生态补偿专项基金、纵向或区域间的财政转移支付以及金融机构贷款与担保、财政补贴等资金补偿的方式促进该区域林业生态补偿体系的完善。在禁止开发区，主要可以通过自然保护区生态补偿专项基金、财政转移支付和征收生态补偿费用等资金予以补偿，同时还可以争取国际环保组织的资金支持。在资金补偿中，充足的资金是前提和保障，因此需要不断拓宽资金来源渠道，同时要加强管理与监督，保证补偿资金的使用效率。

6.3.2　政策补偿

政策补偿主要是指政府基于人口、经济、生态承载力等特征确定的不同主体功能区林业生态建设的发展方向及目标，并对其施行一系列优先权和优惠措施。在限制开发区和禁止开发区的发展过程中，应该较多运用政策补偿这一生态补偿方式，使其能够具有良好的政策环境，从而引导该区域社会经济发展与生态文明建设的协调发展。具体而言，政府可以在财政税收、产业发展、项目建设等方面给予一定的政策倾斜，制定相应的激励措施，从而有效改善限制开发区和禁止开发区的投资环境，通过政策扶持生态型产业，从而进一步培育新的经济增长点，促进地方经济、社会和自然的统一发展。

6.3.3　实物补偿

实物补偿是指补偿主体通过提供一定数量的物资、土地、工具等实物，解决补偿对象的部分生活和生产资料受损问题，改善补偿对象的生活状况和生产能力，提升其进行林业生态建设和保护的能力。实物补偿简单、直接，既可以给补偿对象提供生活资料，也可以为其提供生产资料，可以在退耕还林、退耕（牧）还湿、退养还滩等林业生态建设与修复工程中较多应用。此外，人口是导致重点生态功能区生态退化的一个重要因素。限制开发区、禁止开发区多为生态环境较脆弱和敏感的地区，为了保证其生态环境的破坏程度不超出生态系统所能承载的范围，往往还需要进行人口迁移和安置。主体功能区战略本身就规定有人口迁移的内容，按照主体功能定位引导限制开发和禁止开发区域的人口向重点开发和优化开发区域有序转移，是主体功能区划的各项功能得以实现的一个根本路径。为此，政府应当及时对生态移民的林区居民进行一定的实物补偿来弥补移民安置过程中造成的各种损失，以保证当地社会的稳定，缓解生态移民安置补偿中的压力。

6.3.4　智力补偿

智力补偿是指在知识技能和生产技术等方面向受补偿地区或者补偿对象提供智力服务，提高受偿者的生产技能、技术水平和组织管理能力，包括无偿的技术咨询、培养或输送技术和管理人才及人力资源培训等。无论是重点开发区、优化开发区还是限制开发区和禁止开发区，其在各项林业生态建设的具体实施过程中都需要技术资本的投入来获得较好的生态效益，如森林城市建设、混交林和复层异龄林的培育、森林植被的恢复和防沙治沙等，尤其对于盐碱地造林、干热河谷造林等不仅对造林技术有很高的要求，还需要对适生树种进行研究。这就需要根据具体需求，从不同的方面给予各功能区一定的智力补偿。

6.3.5　项目补偿

项目补偿是指立足于主体功能区林业生态建设长远发展的补偿形式，也被称为"内动力"补偿，是政府等补偿主体在受偿地区的周边及生态环境有潜力的地区开发建设一些生态经济区和优势项目，将补偿资金转化为技术项目和产品，帮助受偿地区建立替代产业，创造就业机会。与此同时，限制开发区域和禁止开发区域承担着全国或区域性重要的生态建设与保护功能，产业发展的限制更多、门槛更高，与其他地区相比处于不平等的竞争环境。因此，应该对限制开发和禁止开发区域内的生态林业、生态旅游、可再生森林能源开发等特色优势产业的发展给予补偿，扶持不超出当地森林资源环境承载能力的特色林业生态产业的发展壮大，促进限制开发区和禁止开发区生态经济的协同发展。

6.3.6　碳汇交易补偿

森林、湿地等可以快速、大量地吸收、汇聚和储存二氧化碳，称之为碳汇。碳汇交易是一种新型的市场补偿方式。碳汇交易的规定始于《联合国气候变化框架公约的京都议定书》（简称《京都议定书》）。《京都议定书》是《联合国气候变化框架公约》的补充条款，于 1997 年 12 月在日本京都由联合国气候变化框架公约参加国三次会议制定。其目标是"将大气中的温室气体含量稳定在一个适当的水平"，条约于 2005 年 2 月开始强制生效。依据《京都议定书》"共同但有区别的责任"原则，发达国家需要采取具体措施限制温室气体的排放，而发展中国家不承担有法律约束力的温室气体限控义务。与此同时，《京都议定书》建立了国际排放权贸易、联合履行等灵活合作机制，允许发达国家通过碳交易市场等灵活完成减排任务，即因发展工业而制造了大量温室气体的发达国家，在无法通过技术革新降低温室气体排放量时，可以投资发展中国家造林，以碳汇抵消排放，而发展中国家可以获得相关技术和资金。这使我国可以在同发达国家的"碳汇交易"中获得巨大商机。我国应该积极争取"碳汇交易"项目，在林区实施大的造林项目，为林业生态建设补偿开拓新的渠道。

与此同时，按照这一思路，在我国不同主体功能区的林业生态建设补偿中，也可以探索、施行这一补偿方式。具体而言，可以建立统一的森林碳汇交易市场，将限制开发区、禁止开发区天然林、森林公园等提供的碳汇生态环境服务出售给优化开发区和重点开发区域的政府，由优化开发区和重点开发区域的政府按照配额向限制开发区和禁止开发区购买森林碳汇来抵消其部分温室气体排放量，从而实现对限制开发区和禁止开发区的补偿。在碳权交易补偿的实施过程中，需要在省级政府设立"区域碳权交易中心"，负责对不同主体功能区的"碳汇"容量和二氧化碳排放量进行测算，并协调、指导交易的执行。在"碳权"的初始分配时，可以考虑将重点开发区或者优化开发区的权重设置为限制开发区或者禁止开发区权重的 1/2，并根据后续的生态建设或者生态修复状况进行动态增减；在碳权的具体交易过程中，可设定一个参考价格，各个区域在参考价格的基础上，根据市场供求关系通过谈判、协商等方式确定具体的交易价格。

以上补偿方式可以相互配合使用，在一定程度上可以取长补短，发挥协同效应。随着主体功能区林业生态建设补偿实践的不断推进及市场机制的日趋完善，补偿方式也将会不断得以创新。

6.4 差异化补偿标准的设定

6.4.1 补偿标准确定方法的选择

补偿标准是林业生态建设补偿的重点也是难点所在，根据当前国内外实践来看，生态补偿标准的确定主要有以下方法。

1. 生态系统服务价值评估法

生态系统服务价值评估是当前研究的热点之一。从经济学角度来看，生态系统服务功能和生态补偿是一种"投入和产出"的关系，即借助于生态补偿将生态系统服务价值的外部性效益予以内部化。

森林生态系统服务功能的价值主要根据国家林业局发布的中华人民共和国林业行业标准《森林生态系统服务功能评估规范》（LY/T1721—2008）来评估，评估指标体系如图 6.1 所示。

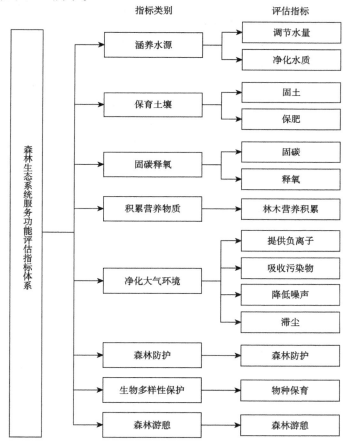

图 6.1　森林生态系统服务功能评估指标体系

《森林生态系统服务功能评估规范》（LY/T1721—2008）采用森林生态系统长期连续定位观测数据、森林资源清查数据及社会公众数据对森林生态系统服务功能展开评估，规定了实物量评估公式及价值量评估公式。但由于林业生态系统本身的复杂性及诸多不确定因素的存在，加之目前理论和研究方法的水平相对滞后，学者们所计算出来的森林生态服务价值估算的价值数额巨大，远超过财政承受能力及当地的 GDP 水平，这使该种方法在实践运用中受到限制，目前尚不能以其价值全额作为生态补偿的标准，这种方法所取得的结果可以作为确定补偿标准的参考依据和理论上限值。

2. 成本法

这里的成本是个宽泛的含义，是指主体功能区林业生态建设中一切相关的实际支出及潜在的损失，主要包括主体功能区林业生态建设过程中的建设成本、管护成本及机会成本。建设成本是为林业生态建设而投入的人力、物力和财力。广义的建设成本还包括修复成本，如由某些资源开发活动而造成的一定范围内的植被破坏、动植物减少，将直接影响到该区域的生态系统服务功能，以及对此进行生态恢复所发生的成本。管护成本是对林业生态建设资源进行看管、巡护以及相关的组织管理所发生的成本费用支出。机会成本是指利用一定的经济资源用于生产某种产品时而失去的利用这些资源生产其他最佳替代品的最大收益。西方经济学家认为，经济学是要研究一个经济社会如何对稀缺的经济资源进行合理配置的问题。从经济资源的稀缺性这一前提出发，当一个经济主体用一定的经济资源生产一定数量的一种或几种产品时，这些经济资源就不能同时被使用在其他的生产用途方面。也就是说，这个经济主体所获得的收入，是以放弃用同样的经济资源来生产其他产品时所能获得的收入作为代价的。例如，退耕还林所损失的农产品收益，对林木限伐所造成的木材销售收入的减少，因生态移民等原因给林农造成的损失等。

3. 收益法

收益法主要是针对生态建设和保护的正外部性而采取的一种核算方法，即生态建设者的行为没有得到相应的合理回报，生态受益者就需要向生态建设者支付一定的补偿，补偿的标准主要是以生态受益者从中得到的利益为依据，通过计算产品或服务的交易价格和交易数量等来确定相应的补偿标准（尤艳馨，2007）。这种方法操作比较简单，但是有赖于生态建设者与受益者之间的良性互动机制及健全的市场机制，而且计算结果往往会波动很大，只适合在小范围制定补偿标准时加以参考。

4. 支付意愿法

支付意愿法主要根据公共参与原理，通过直接询问利益相关者意愿对生态环境或享有的生态服务所给付的最大补偿金额并按此来确定补偿标准，目前用得比较多的方法是条件价值法。这种方法是国际上衡量生态系统服务中非经济利用部分价值的主要方法之一。它通过开展社会问卷调查来获取相应数据，根据调查结果来评估社会对某项生态服务的支付意愿，可以针对支付或受偿意愿进行问卷调查以揭示社会对某类生态服务需求的偏好。但是该方法具有明显的主观性，而且支付意愿与受偿意愿往往存在很大偏差。该方法评估的结果通常要低于其实际价值，因此不宜直接以该方法的测算结果作为补偿标准的制定依据。

5. 生态足迹法

生态足迹（ecological footprint，EF）的研究始于 20 世纪 90 年代，由加拿大生态经济学家 William Rees 等于 1992 年提出，并于 1996 年由其博士生 Wackernagel 等加以改善，Wackernagel 和 Rees（1996）把生态足迹定义为，"在现有生产、技术、管理水平条件下，在某一特定空间范围内持续生产、供应人们消耗所需的各种资源，同时承担他们所享用的各种服务，分解其所排放的废弃物而需要的土地和水域面积的总量"。由定义可以看出，生态足迹主要代表一种需求范围，在实践中，由于人类生产必然要对资源产生需求，因此可以通过计算其需求量，再根据本地区的资源实际供给量水平进行比较分析，从而对经济生产与生态环境之间的协调性程度、变化特征及其规律进行量化评价，以此来确定出生态补偿的额度标准。生态足迹的计算步骤主要包括（Wackernagel et al.，1999）：①对相应消费项目进行划分，在此基础上，对其消费量情况进行计算；②根据地区平均产量数据情况，将相应消费量折算成生物生产性土地面积；③根据各类型相应的均衡因子，将各类型土地均衡化，转为等价生产力的土地面积，进行汇总，再分别计算出相应生态足迹的大小；④测算相应的产量因子，再对生态承载力进行计算，进而与生态足迹进行比较，分析地区生态压力程度。该方法在生态补偿研究中，尤其是生态补偿标准的量化研究中日益得到重视。但由于模型涉及大量数据，因此计算过程比较复杂。在具体实践中，会因数据的准确性及其他相关因素影响而产生差异。

综上所述，生态补偿是主体功能区林业生态建设得以顺利推进的重要保障，而生态补偿实施的关键又在于其补偿标准的合理量化。从目前我国主体功能区林业生态建设的实践来看，根据成本法来确定补偿标准的可操作性较强。但是不同主体功能区的林业生态建设由于功能定位不同决定了其补偿的侧重点也各不相同。因此不能采用单一的补偿标准，应根据不同主体功能区设定差异化的补偿标准。同时还应从动态角度，根据经济发展和林业生态建设的阶段性特点，对生态补偿标准予以适当调整和修正，适时逐步提高补偿标准，从而确保主体功能区林业生态建设补偿能够在公正、公平的基础上得以进行。此外，还应加强对林业生态系统服务功能和环境承载能力的价值化研究，待条件具备时逐步向根据生态服务订立补偿标准的方向过渡。

6.4.2　城市化地区林业生态建设补偿标准的设定

　　生态补偿不等于扶贫，无论对于贫困地区还是经济相对发达地区，其作用应当是等效的、公平的。因此，对于城市化地区，即优化开发区和重点开发区所进行的林业生态建设的正外部性效益部分，也应该给予补偿。

　　城市化地区的林业生态建设任务主要是建设大尺度森林、大面积湿地、大型绿地和花卉场所，形成大尺度绿色生态保护空间和连接各生态空间的绿色廊道；完善城市绿道、生态文化传播等生态服务设施网络；加快推进森林城市、森林城市群建设，把森林、绿地、湿地、花卉作为重要生态基础设施；建设城市绿道网络；进行城市内绿化，使城市适宜绿化的地方都绿起来；进行城市周边绿化，充分利用不适宜耕作的土地开展绿化造林；扩大城市之间的生态空间。为此，城市化地区林业生态建设补偿标准应为

$$F_{Cs} = C_p + C_m + C_e$$

其中，F_{Cs} 为优化开发区或者重点开发区的林业生态建设补偿标准；C_p 为优化开发区或者重点开发区的林业生态建设成本；C_m 为优化开发区或者重点开发区林业生态建设的管护成本；C_e 为优化开发区或者重点开发区林业生态建设的其他成本以及各种灾害所引发的损失。

　　值得说明的是，公众参与城市林业生态建设是衡量城市现代化文明程度的重要标志。因此，随着林业生态建设进程的推进，在城市化地区林业生态建设补偿标准的设计中应逐步将城市居民的补偿支付意愿考虑进去。

6.4.3　限制开发的重点生态功能区林业生态建设补偿标准的设定

　　在不同主体功能区林业生态建设补偿标准的设定中，限制开发的重点生态功能区林业生态建设补偿标准最为复杂，其不仅涉及不同的生态功能类型，而且还需要考虑众多影响因素，如生态系统脆弱性及重要性程度、林地类型的差异和林分类型的差异等。为了体现这些因素的综合影响，需要先确定林业生态建设补偿系数。

1. 林业生态建设补偿系数的确定

　　林业生态建设补偿系数可以采用模糊层次分析法加以确定。层次分析法是美

国运筹学家 T. L. Saaty 教授于 20 世纪 70 年代提出的一种定量与定性相结合的多目标决策方法，其主要特征是把复杂的问题分解为若干个组成因素，将这些因素按从属关系分层次结构，通过对各层次中诸多因素的对比分析，综合出复杂问题的评价结果。由于实际问题中的复杂性和模糊性，人们又将模糊数学引入层次分析法，即模糊层次分析法。

1）模糊一致矩阵的概念

设矩阵 $\boldsymbol{R} = (r_{ij})_{n \times n}$，若满足：$0 \leqslant r_{ij} \leqslant 1$，$(i=1,2,\cdots,n; j=1,2,\cdots,n)$，则称 $\boldsymbol{R}$ 是模糊矩阵。

设 $\boldsymbol{R} = (r_{ij})_{n \times n}$ 是模糊矩阵，则 $\boldsymbol{R}$ 是模糊一致矩阵的充分必要条件是 $\boldsymbol{R}$ 中任一元素均可按下述关系表示出来：

$$r_{ij} = r_{ik} - r_{jk} + 0.5, \quad i = 1,2,\cdots,n; j = 1,2,\cdots,n; k = 1,2,\cdots,n$$

2）模糊一致矩阵的性质

设模糊矩阵 $\boldsymbol{R} = (r_{ij})_{n \times n}$ 是模糊一致矩阵，则有

（1）$\forall i \ (i = 1,2,\cdots,n)$，

$$r_{ii} = 0.5$$

（2）$\forall i,j \ (i,j = 1,2,\cdots,n)$，

$$r_{ij} + r_{ji} = 1$$

（3）$\boldsymbol{R} = (r_{ij})_{n \times n}$ 的第 i 行和第 j 列元素之和为 n。

3）模糊层次分析法的一般过程

第一，构建层次结构模型。

构建层次结构模型是模糊层次分析法中最重要的一步。先将复杂问题分解为被称为元素的各组成部分，将这些元素按属性分成若干组，以形成不同层次。最高层一般情况只设一个计量目标。中间层为计量指标层，可根据实际情况分解为一层或多层。最底层为研究方案。层次模型的好坏直接关系到计量结果的科学性和可信度。

第二，建立模糊一致判断矩阵。

模糊一致判断矩阵 $\boldsymbol{R} = (r_{ij})_{n \times n}$ 表示针对上一层某元素，本层次与之有关元素之间相对重要性的比较，假定上一层次的元素 C 同下一层次中的元素 $a_1, a_2, \cdots, a_n$ 有联系，则模糊一致判断矩阵可表示为

C	a_1	a_2	$\cdots$	a_n
a_1	r_{11}	r_{12}	$\cdots$	r_{1n}
a_2	r_{21}	r_{22}	$\cdots$	r_{2n}
$\vdots$	$\vdots$	$\vdots$		$\vdots$
a_n	r_{n1}	r_{n2}	$\cdots$	r_{nn}

元素 r_{ij} 具有如下实际意义：r_{ij} 表示元素 a_i 和元素 a_j 相对于元素 C 进行比较时，元素 a_i 和元素 a_j 具有模糊关系"××比××重要得多"的隶属度。为了使任意两个元素的相对重要程度得到定量描述，通常采用 0.1~0.9 标度法给予数量标度，如表 6.4 所示。

表 6.4　优先关系矩阵数量标度表

标度	含义	说明
0.5	同等重要	两元素相比较，同等重要
0.6	稍微重要	两元素相比较，一元素比另一元素稍微重要
0.7	明显重要	两元素相比较，一元素比另一元素明显重要
0.8	重要得多	两元素相比较，一元素比另一元素重要得多
0.9	极端重要	两元素相比较，一元素比另一元素极端重要
0.1, 0.2, 0.3, 0.4	反比较	若元素 a_i 与元素 a_j 相比较得到判断 r_{ij}，则元素 a_j 与元素 a_i 相比较得到的判断为 $r_{ji}=1-r_{ij}$

资料来源：陶余会（2002）

为了简化任意两个方案关于某准则相对重要程度的定量描述，本书采用表 6.4 的数量标度，并建立优先关系矩阵：

$$A = \left(a_{ij} \right)_{n \times n}$$

再利用

$$r_{ij} = \frac{r_i - r_j}{2n} + 0.5$$

$$r_i = \sum_{k=1}^{n} a_{ik}, \quad i = 1, 2, \cdots, n$$

得到模糊一致矩阵，利用

$$w_i = \frac{s_i}{\sum_{k=1}^{n} s_k}$$

$$s_i = \left(\prod_{j=1}^{n} r_{ij} \right)^{\frac{1}{n}}$$

得到排序向量。

模糊判断矩阵的一致性反映了人们思维判断的一致性，在构造模糊判断矩阵时非常重要，但在实际决策分析中，由于所研究的问题的复杂性和人们认识上可能产生的片面性，使构造出的判断矩阵往往不具有一致性。这时可应用模糊一致矩阵的充要条件进行调整。具体的调整步骤如下：第一步，确定一个同其余元素的重要性相比较得出的判断有把握的元素，为不失一般性，设决策者认为对判断

$r_{11}, r_{12}, \cdots, r_{1n}$ 比较有把握。第二步，用 $\boldsymbol{R} = (r_{ij})_{n \times n}$ 的第一行元素减去第二行对应元素，若所得的 n 个差数为常数，则不需调整第二行元素。否则，要对第二行元素进行调整，直到第一行元素减第二行的对应元素之差为常数为止。第三步，用 $\boldsymbol{R} = (r_{ij})_{n \times n}$ 的第一行元素减去第三行的对应元素，若所得的 n 个差数为常数，则不需调整第三行的元素。否则，要对第三行的元素进行调整，直到第一行元素减去第三行对应元素之差为常数。上述步骤如此继续下去直到第一行元素减去第 n 行对应元素之差为常数（张吉军，2000）。

第三，求元素 $a_1, a_2, \cdots, a_n$ 的权重值 $w_1, w_2, \cdots, w_n$。

设元素 $a_1, a_2, \cdots, a_n$ 进行两两重要性比较得到的模糊一致性矩阵为

$$\boldsymbol{R} = (r_{ij})_{n \times n}$$

元素 $a_1, a_2, \cdots, a_n$ 的权重值分别为 $w_1, w_2, \cdots, w_n$，则有如下关系式成立：

$$r_{ij} = 0.5 + a(w_i - w_j), \quad i, j = 1, 2, \cdots, n$$

其中，$0 < a \leqslant 0.5$，a 为人们对所感知对象的差异程度的一种度量，但同评价对象个数和差异程度有关，当评价的个数或差异程度较大时，a 值可以取得大一点。这样，$w_1, w_2, \cdots, w_n$ 可以由解方程组得到。另外，决策者还可以通过调整 a 的大小，求出若干个不同的权重向量，再从中选择一个自己认为比较满意的权重向量。

第四，各层元素对目标层权重的合成。

假定已经计算出第 k–1 层元素相对于总目标的权重向量 $\boldsymbol{P}^{k-1} = (P_1^{k-1}, P_2^{k-1}, \cdots, P_m^{k-1})^{\mathrm{T}}$，第 k 层在第 k–1 层第 j 个元素作为准则下元素的权重向量为 $\boldsymbol{W}_j^k = (w_{1j}^k, w_{2j}^k, \cdots, w_{nj}^k)^{\mathrm{T}}$。令 $\boldsymbol{W}^k = (W_1^k, W_2^k, \cdots, W_m^k)$，则第 k 层 n 个元素相对于总目标的权重向量可以表示为

$$\boldsymbol{P}^k = \boldsymbol{W}^k \boldsymbol{P}^{k-1}$$

4）计算确定林业生态建设补偿系数

第一，构建林业生态建设补偿系数指标体系。

林业生态建设补偿系数指标体系分四个层级，具体指标体系关系结构如图 6.2 所示。

第二，建立模糊一致判断矩阵并进行层次单排序。

实际工作中，模糊一致判断矩阵是由业内人士组成的专家组在对同一层次的影响因素进行重要程度比较后经一致性调整得到的；权重向量是在已知模糊一致判断矩阵的前提下，运用模糊层次分析法求得的。

针对林业生态建设补偿系数 A，在差别调整补偿系数 B_1、特征性补偿系数 B_2 之间建立模糊一致判断矩阵与层次单排序。通过向相关专家咨询，认为在林业生态建设补偿系数的驱动因素中，差别调整补偿系数与特征性补偿系数同样重要。

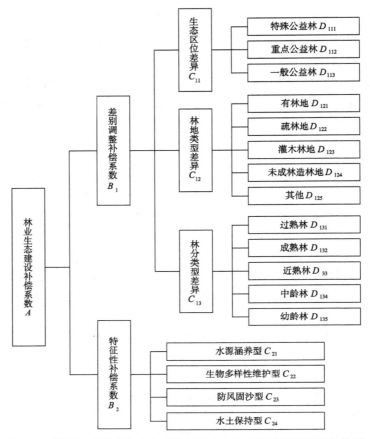

图 6.2　限制开发的重点生态功能区林业生态建设补偿系数指标体系

由以上分析，先建立优先关系矩阵，然后运用模糊层次分析法，得到层次 A 的模糊一致矩阵和排序向量如表 6.5 所示。

表 6.5　层次 A 的模糊一致矩阵及其排序向量求解结果

层次 A	B_1	B_2	W_0
B_1	0.5	0.5	0.5
B_2	0.5	0.5	0.5

通过向相关专家咨询，认为在差别调整补偿系数 B_1 的驱动因素中生态区位差异 C_{11}、林地类型差异 C_{12}、林分类型差异 C_{13} 同样重要。由以上分析，先建立优先关系矩阵，然后运用模糊层次分析法，得到 B_1 层次的模糊一致矩阵和排序向量如表 6.6 所示。

表 6.6　层次 B_1 的模糊一致矩阵及其排序向量求解结果

层次 B_1	C_{11}	C_{12}	C_{13}	W_1
C_{11}	0.5	0.5	0.5	0.333
C_{12}	0.5	0.5	0.5	0.333
C_{13}	0.5	0.5	0.5	0.334

特征性补偿系数 B_2 的取值来自水源涵养型 C_{21}、生物多样性维护型 C_{22}、防风固沙型 C_{23}、水土保持型 C_{24}。对于绝大多数限制开发的重点生态功能区而言，以上四种类型仅占一种，即或者是水源涵养性，或者是生物多样性维护型，或者是防风固沙型抑或是水土保持型。仅有极少数限制开发的重点生态功能区为两种类型的混合。即便如此，这两种类型也并不是均等化的，能够判断、区分出以其中某种类型为主。因此，为了简化起见，将这种混合型限制开发的重点生态功能区也归并为一种类型。特征性补偿系数公式如下：

$$B_2 = (1-\omega_1)C_{21} + (1-\omega_2)C_{22} + (1-\omega_3)C_{23} + (1-\omega_4)C_{24}$$

其中，$\omega_1, \omega_2, \omega_3, \omega_4 = 0$ 或 1，且 $\omega_1 + \omega_2 + \omega_3 + \omega_4 = 1$，排序向量也即权重向量 $W_2 = \left[(1-\omega_1), (1-\omega_2), (1-\omega_3), (1-\omega_4)\right]$。

通过向相关专家咨询，认为生态区位表明了生态系统生态地位的重要程度。生态区位越重要，相应的补偿标准也应该越高，在生态区位差异 C_{11} 的驱动因素中特殊公益林 D_{111}、重点公益林 D_{112}、一般公益林 D_{113} 的重要性依次递减。由以上分析，先建立优先关系矩阵，然后运用模糊层次分析法，得到 C_{11} 层次生态区位差异的模糊一致矩阵和排序向量，如表 6.7 所示。

表 6.7　层次 C_{11} 的模糊一致矩阵及其排序向量求解结果

层次 C_{11}	D_{111}	D_{112}	D_{113}	W_3
D_{111}	0.5	0.6	0.7	0.401 9
D_{112}	0.4	0.5	0.6	0.333 5
D_{113}	0.3	0.4	0.5	0.264 6

通过向相关专家咨询，认为不同的林地类型，其补偿标准应有所不同。有林地的生态功能最为强大，应补偿标准最高，在林地类型差异 C_{12} 的驱动因素中有林地 D_{121}、疏林地 D_{122}、灌木林地 D_{123}、未成林造林地 D_{124} 和其他 D_{125} 的重要性逐渐递减。因而根据重要性的比较，先建立优先关系矩阵，然后运用模糊层次分析法，得到 C_{12} 层次林地类型差异的模糊一致矩阵和排序向量，如表 6.8 所示。

表 6.8　层次 C_{12} 的模糊一致矩阵及其排序向量求解结果

层次 C_{12}	D_{121}	D_{122}	D_{123}	D_{124}	D_{125}	W_4
D_{121}	0.5	0.6	0.7	0.8	0.9	0.287 9
D_{122}	0.4	0.5	0.6	0.7	0.8	0.244 8
D_{123}	0.3	0.4	0.5	0.6	0.7	0.201 2
D_{124}	0.2	0.3	0.4	0.5	0.6	0.156 6
D_{125}	0.1	0.2	0.3	0.4	0.5	0.109 5

　　同理，可得 C_{13} 层次林分类型差异的模糊一致矩阵和排序向量，具体如表 6.9 所示。

表 6.9　层次 C_{13} 的模糊一致矩阵及其排序向量求解结果

层次 C_{13}	D_{131}	D_{132}	D_{133}	D_{134}	D_{135}	W_5
D_{131}	0.5	0.6	0.7	0.8	0.9	0.287 9
D_{132}	0.4	0.5	0.6	0.7	0.8	0.244 8
D_{133}	0.3	0.4	0.5	0.6	0.7	0.201 2
D_{134}	0.2	0.3	0.4	0.5	0.6	0.156 6
D_{135}	0.1	0.2	0.3	0.4	0.5	0.109 5

　　第三，层次总排序。

　　利用模糊层次分析法的运算公式，得出林业生态建设补偿系数 A 的运算公式，如下所示：

$$A = 0.401\ 9 \times 0.333 \times 0.5 \times D_{111} + 0.333\ 5 \times 0.333 \times 0.5 \times D_{112} + 0.264\ 6 \times 0.333 \times 0.5 \times D_{113}$$
$$+ 0.287\ 9 \times 0.333 \times 0.5 \times D_{121} + 0.244\ 8 \times 0.333 \times 0.5 \times D_{122} + 0.201\ 2 \times 0.333 \times 0.5 \times D_{123}$$
$$+ 0.156\ 6 \times 0.333 \times 0.5 \times D_{124} + 0.109\ 5 \times 0.333 \times 0.5 \times D_{125} + 0.287\ 9 \times 0.334 \times 0.5 \times D_{131}$$
$$+ 0.244\ 8 \times 0.334 \times 0.5 \times D_{132} + 0.201\ 2 \times 0.334 \times 0.5 \times D_{133} + 0.156\ 6 \times 0.334 \times 0.5 \times D_{134}$$
$$+ 0.109\ 5 \times 0.334 \times 0.5 \times D_{135} + (1 - \omega_1) \times 0.25 \times 0.5 \times C_{21} + (1 - \omega_2) \times 0.25 \times 0.5 \times C_{22}$$
$$+ (1 - \omega_3) \times 0.25 \times 0.5 \times C_{23} + (1 - \omega_4) \times 0.25 \times 0.5 \times C_{24}$$

其中，D_{111}，D_{112}，D_{113}，…，D_{135} 分别为某限制开发的重点生态功能区不同类型的森林或林地面积所占比重；$\omega_1, \omega_2, \omega_3, \omega_4 = 0$ 或 1，且 $\omega_1 + \omega_2 + \omega_3 + \omega_4 = 1$；$C_{21}$ 为某限制开发的重点生态功能区的水源涵养指数；C_{22} 为某限制开发的重点生态功能区的生物丰度指数（生物丰度指数是生物多样性维护型的质量指标）；而 C_{23} 取决于植物覆盖指数和未利用地比例，由于未利用地比例为逆指标，因此 $C_{23} = 0.5$ ×植物覆盖指数 + 0.5 ×（1 - 未利用地比例）；C_{24} 取决于坡度大于 15 度耕地面积比例和未利用地比例，由于未利用地比例为逆指标，因此 C_{24} =0.5×坡度大于 15 度耕地面积比例+0.5×（1−未利用地比例）。

根据上述公式，可得运算结果为

$$
\begin{aligned}
A = {} & 0.067 \times D_{111} + 0.056 \times D_{112} + 0.044 \times D_{113} \\
& + 0.048 \times D_{121} + 0.041 \times D_{122} + 0.036 \times D_{123} \\
& + 0.026 \times D_{124} + 0.017 \times D_{125} + 0.047 \times D_{131} \\
& + 0.041 \times D_{132} + 0.033 \times D_{133} + 0.026 \times D_{134} \\
& + 0.018 \times D_{135} + 0.125 \times (1 - \omega_1) \times C_{21} + 0.125 \times (1 - \omega_2) \times C_{22} \\
& + 0.125 \times (1 - \omega_3) \times C_{23} + 0.125 \times (1 - \omega_4) \times C_{24}
\end{aligned}
$$

2. 林业生态建设补偿标准的计算

限制开发的重点生态功能区林业生态建设补偿标准应根据林业生态建设补偿系数与成本计算确定，即

$$
F_{Cs} = A \times (C_p + C_m + C_o + C_e)
$$

其中，F_{Cs} 为限制开发的重点生态功能区的林业生态建设补偿标准；A 为林业生态建设补偿系数。

C_p 为林业生态建设成本，具体包括：林业生态建设工程新造林所占用林地的投入、造林、道路、通信、防火等基础设施建设投入及移民搬迁费用等；因主体功能区规划新增加的林木种苗费用、检疫费、运输费、仓储租赁费、整地栽植费、林木补植费用、森林资源调查规划支出；未成林、幼中龄林抚育的费用；低产林改造费用；湿地生态监测点建设、野外视频监测设施建设、生态补水费用及植被恢复建设等成本。

C_m 为管护成本，主要包括：对划定为生态功能区内生态公益林进行管护的护林人员工资、森林防火经费，包括用于扑救、巡护森林火灾的扑救费、运输费、灭火器材购置费、火情卫星监测运行费和扑火头盔服装费等支出；用于航空护林的飞行费、雇工费等支出；用于森林病虫害防治的监测费、预报费、防治费、材料印刷费、防治设备购置费、药品药剂费和运输费等支出；沙漠化防治费等。

C_o 为限制开发的重点生态功能区林业生态建设的机会成本，主要是指由禁伐、禁牧、退耕还林、退耕还湿或者其他限制高附加值林业产业发展等活动所造成的经济利益损失。

C_e 为限制开发的重点生态功能区林业生态建设的其他成本及各种灾害所引发的损失。

6.4.4　禁止开发的重点生态功能区林业生态建设补偿标准的设定

禁止开发区域的林业生态建设主要是依据法律法规规定和相关规划实施强制性保护，严格控制人为因素对林业生态资源的原真性、完整性的干扰。按照主体功能区规划的要求，对于自然保护区，需要按照核心区、缓冲区和实验区分类管理；对风景名胜区、森林公园、地质公园，如有必要也可划定核心区和缓冲区，并根据划定的范围进行分类管理。对于核心区，严禁任何生产建设活动；缓冲区，除必要的科学实验活动外，严禁其他任何生产建设活动；实验区，除必要的科学实验以及符合自然保护区规划的旅游、种植业和畜牧业等活动外，严禁其他生产建设活动；按核心区、缓冲区、实验区的顺序，逐步转移自然保护区的人口。绝大多数自然保护区核心区应逐步实现无人居住，缓冲区和实验区也应较大幅度减少人口；根据自然保护区的实际情况，实行异地转移和就地转移两种转移方式，一部分人口转移到自然保护区以外，一部分人口就地转为自然保护区管护人员；在不影响自然保护区主体功能的前提下，对范围较大、目前核心区人口较多的，可以保持适量的人口规模和适度的农牧业活动，同时通过生活补助等途径，确保人民生活水平稳步提高。为此，禁止开发的重点生态功能区林业生态建设补偿标准应为

$$F_{Cs} = C_p + C_m + C_o + C_i + C_e - R$$

其中，F_{Cs} 为禁止开发的重点生态功能区的林业生态建设补偿标准；C_p 为禁止开发区林业生态建设成本，这是禁止开发区的初期投入，取决于禁止开发区域的禁止程度、面积、人口及具体规划内容等因素，大多具有一次性补偿的性质，中、后期建设中即使涉及，资金额度一般也不会太大。

C_m 为对禁止开发区林业生态建设的管护成本，主要包括管护人员工资、生态管护费用、森林防火经费、森林病虫害防治费用和各种相关保护费用等。

C_o 为禁止开发区林业生态建设的机会成本，主要是指由禁牧、休牧等活动所造成的经济利益损失。

C_i 为生态移民安置成本，主要包括生态移民的搬迁费用、定居费用及生活方式转变所增加的生活成本。

C_e 为禁止开发区林业生态建设的其他成本或者各种灾害所引发的损失。

R 为自然保护区、森林公园等的旅游收入。

6.5　补偿资金的筹集

林业生态建设补偿资金主要来源于财政资金、社会资金、国际资金及林业生态建设相关单位自筹的资金。现阶段主要以财政资金为主,并辅之以多种渠道筹集林业生态建设补偿资金,随着市场经济的发展以及林业生态建设补偿各项政策、制度的逐步建立与完善,社会资金的比重将会逐年提高。

6.5.1　财政资金

财政资金由国家预算资金和预算外资金两个部分组成。国家预算资金是指列入国家预算进行收、支和管理的资金,它是财政资金的主体;预算外资金是指不列入国家预算,由各地区、各单位按照国家规定单独管理、自收自支的资金,它是国家预算资金的重要补充。财政资金的特征主要表现在:①财政资金是政府及其所属机构直接掌握支配的资金,其使用是为了行使和实现国家职能。②财政资金的征集和拨付主要是无偿分配,部分地区采取国家信用的方式,即以国家为债务人或债权人的形式征集或发放资金。③财政资金体现了国家在社会产品分配中占有的份额,以及在分配中与其他主体之间的分配关系。财政资金是社会资金的主导,它对社会资金的运作有巨大的控制力和影响力。我国 2009~2014 年财政资金收支相关情况如表 6.10 所示。

表 6.10　2009~2014 年财政资金收支相关指标情况表（单位：亿元）

指标	2009 年	2010 年	2011 年	2012 年	2013 年	2014 年
全国财政收入	68 518.30	83 101.51	103 874.43	117 253.52	129 209.64	140 370.03
中央财政收入	35 915.71	42 488.47	51 327.32	56 175.23	60 198.48	64 493.45
地方财政收入	32 602.59	40 613.04	52 547.11	61 078.29	69 011.16	75 876.58
中央财政支出	15 255.79	15 989.73	16 514.11	18 764.63	20 471.76	22 570.07
中央财政环境保护支出	37.91	69.48	74.19	63.65	100.26	344.74

资料来源：国家统计局

由表 6.10 可知,全国财政收入呈逐年上升趋势,2014 年相比 2009 年,增幅达 104.87%;中央财政支出逐年增长,其中中央财政环境保护支出在 2012 年有所下降,之后在 2013 年又得到了快速增长,2014 年相比 2013 年增幅达 243.85%。但是,中央财政环境保护支出占中央财政支出的相对数额不高,2013 年之前一直低于 0.5%,2014 年为 1.53%,这与中央财政支出年均 10%左右的增幅相比,比例较低。

财政对林业生态建设的投入是主体功能区林业生态建设最直接的补偿。为此，应逐步加大对主体功能区林业生态建设的财政预算投入比例。就主体功能区林业生态建设补偿的财政资金来源而言，主要是国家预算内基建资金、财政专项资金及国债资金。林业生态建设的国家预算内基建资金主要是以财政预算拨款为资金来源，并列入国家计划的林业生态重点工程建设以及种苗、森林防火、有害生物防治等林业基础设施建设。

财政专项资金是指具有指定用途的资金，要求进行单独核算、专款专用。财政专项资金所占比例较大，其使用管理、支出方式及手段选择将会直接影响到财政资金的使用效率。主体功能区林业生态建设来源于中央财政专项的资金主要用于国家重点林业生态工程建设以及森林生态效益补偿基金和造林补贴试点基金等方面。地方财政专项资金来源主要是地方财政部门安排的预算内资金、预算外资金、上级补助或上级拨款的资金、政府性基金及转移支付资金等。地方财政专项资金对于主体功能区林业生态建设的补偿主要体现在对地方性林业生态建设工程的资金投入以及对中央财政资金的资金配套。

国债又称国家公债，是中央政府为筹集财政资金而发行的、承诺在一定时期支付利息和到期偿还本金的债权债务凭证，是政府可以运用的一种重要的宏观调控手段。我国虽然规定地方政府无权以自身名义发行债务，但中央长期建设国债也有少数可观的部分转贷给地方使用。目前，世界上许多发达国家和发展中国家的地方政府，都不同程度地运用发行地方债券来增强地方筹措资金的能力。因此，建议主体功能区地方政府在经常性财政资金不足的情况下，可以探索在一定制约条件下，通过规范程序向社会发行适当规模的债券，以筹集必要的资金，满足区域林业生态建设的需要。它可以增强地方财政实力，减少地方财政对中央财政拨款的需求。

由于不同的主体功能区在发展模式和外部功能上存在巨大差异，为此应整合现有分散于各部门的财政资金，设立独立的林业生态建设补偿基金预决算项目及相应科目，并按照四类主体功能区分设明细，以发挥财政资金的集中使用效率。与此同时，应事前做好长期规划，按照规定的年限逐期投入，以便持续、稳定地用于林业生态环境建设。

6.5.2　社会资金

财政资金是有限的，与主体功能区林业生态建设补偿的实际需求还存在着很大差距。由于林业生态建设具有经济外部性，这使当前林业资金外流的倾向加大，而且随着经济的高速发展，各行各业对资金的需求都在迅速增长，使资金进一步短缺。林业生态建设应当是全社会的事业，因此，在主体功能区林业生态建设补偿中，应争取得到社会各方面的关心与扶持，以广泛从社会筹集补偿资金。具体而言，主体功能区林业生态建设补偿资金可以通过以下方式从社会筹集：

（1）通过发行林业生态彩票等方式来筹集补偿资金。2014 年年底，城乡居民人民币储蓄存款余额为 25 690.1 亿元，这其中如果有万分之一投向主体功能区的林业生态建设，也是不小的数目。

（2）积极发展生态标识物品和服务。将生态优势转化为替代产业优势和经济优势，引导消费者积极自愿地支付生态补偿的费用。森林认证是利用市场机制促进森林资源可持续利用和保护的重要工具，由独立第三方机构依照森林可持续经营与保护的标准对森林相关产品的生产、销售等环节进行验证，认可后发放森林认证标签（梁丹，2008）。在市场上，对森林相关环境服务具有支付意愿的消费者通过选择购买具有标签的林产品，实质上向产品生产者支付了额外的生态服务费用，实现了森林生态服务补偿。

（3）在荒漠化地区和仍有荒山绿化任务的地区，按照全民义务植树的要求，以单位名义承担绿化达标任务。筹集的资金除用于苗木、节水灌溉设备和农机具等外，还要用于植树活动的宣传、福利等。

（4）以社区联户形式，由社区内林农按照一定比例和份额拿出各自的积蓄，甚至用小额信贷资金投入林业建设。例如，承包荒山造林，以联户形式向集体承包荒山绿化任务。筹集的资金也主要用于购买苗木、炸药雷管、节水灌溉设备和农机具等，以进行荒山造林绿化等。

（5）加大宣传力度，鼓励单位、个人捐款或者提供其他无偿援助，用以补偿主体功能区林业生态建设。

6.5.3　国际资金

国际融资渠道的增加，为我国扩大利用外资提供了新的机遇。同时，伴随着世界经济的高速发展、全球森林的急剧减少和森林环境问题的日益突出，出于林业可持续发展的需求，国际社会和一些发达国家都热心以无偿援助或优惠贷款的形式，支持发展中国家林业生态建设，这也有利于我国在国际上融得大量资金用于补偿林业生态建设。据国家林业局统计，截至 2014 年年底，世界银行贷款"林业综合发展项目"已累计使用世界银行贷款资金 8 125 万美元，项目完成造林 12.01

万公顷，修复现有人工林 3.01 万公顷；亚洲开发银行贷款西北三省（自治区）林业生态发展项目累计提取贷款资金 3 416.47 万美元，营造生态林 4 313.63 公顷。各省在利用外资方面也取得了很大进展，如江西省的亚洲开发银行气候变化基金赠款项目，该项目由亚洲开发银行赠款 100 万美元，建设期为 6 年（2011~2016年），项目建设内容为在遂川、资溪等选定县区建立大约 200 个示范林区以增强林分的碳固定能力并防止或减轻气候灾害对森林生态系统的影响。

在筹集国际资金进行主体功能区林业生态建设补偿时，可以从以下方面着手：

（1）利用外国政府贷款或者世界银行、欧洲投资银行、亚洲开发银行等国际金融组织的贷款，实施营造林项目、培育森林资源以及应对气候变化的影响等。

（2）积极争取外国政府或者国际组织，如联合国开发计划署、全球环境基金、世界自然基金会和世界自然保护联盟等的赠款及其他无偿援助。

（3）开拓国际碳汇贸易市场。有关研究表明，中幼龄林处于旺盛的生长期，固碳能力较强，而成熟林的固碳量达到最大值。我国目前有很大一部分森林属于中幼龄林，固碳潜力很大。随着天然林资源保护工程及退耕还林工程的深入实施，我国森林碳汇的效益会更加显著，在利用森林碳汇、获取国际资金方面具有较强的实践性和可操作性。

（4）注重对国际国内两个市场、两种资源的统筹利用。将防护林、退耕还林、荒山荒地造林等国内林业生态建设项目与林业外资项目配套，从利用无偿援助向利用多元外资和全面合作转变，从单纯引进外资向引进外资与引进营林技术等先进技术并重转变，从而实现"造血式"补偿。

6.5.4　林业生态建设单位自筹资金

在外部林业生态建设补偿资金不足的情况下，不同主体功能区内的林业生态建设单位还需要自筹资金用于林业生态建设，弥补其相应的成本和费用支出。这是实现林业生态建设单位自我补偿的重要途径。具体而言，可以从以下方面着手：

（1）依托生态公益林的非木质资源，根据生态区位状况，在不破坏其生态效益的前提下，积极开展限制性利用，种植珍贵树木、中药材和食用菌等，开展林下种植、养殖等多种经营，发展森林生态旅游项目，积极探索发展林下经济，以充分发挥生态公益林的多种效益，增强林业生态建设单位的自我补偿能力。

（2）从林业生态建设单位开展有偿服务、综合经营所取得的收入中提取一部分资金作为林业生态建设补偿资金。例如，森林公园具有旅游观光的价值，有较好的创收能力。因此，可以从其门票收入中提取一部分资金来弥补林业生态建设中政府预算资金的不足。

（3）从林业生态建设单位的留存收益中提取一部分作为林业生态建设补偿资金。林业生态建设单位的留存收益主要是盈余公积和未分配利润。盈余公积是按照规定从净利润中提取所形成的资本积累；未分配利润是指未做分配的利润。它们是林业生态建设单位进一步发展所需资金的内部保障。

6.6　不同主体功能区域之间补偿责任的承担

6.6.1　不同省域主体功能区补偿责任的承担

森林资源禀赋的地理差异和林业生态建设的外溢性，使限制开发的重点生态功能区和禁止开发的重点生态功能区区域内形成的生态效益会扩散到周边区域。以全国森林生态系统服务价值均值为标准，若某区域服务价值超过全国均值，则表示该区域森林生态系统服务价值发生外溢，外溢"量"由超出均值的多少来表示。杨振等（2012）通过建立森林生态系统服务价值外溢模型，得出了我国森林生态系统服务价值发生外溢的区域范围及其内部省级单元的服务价值外溢量，其结果如表 6.11 所示。

表 6.11　森林生态系统服务价值外溢格局

省份	价值/亿元	面积/万千米^2	价值密度/ （万元/千米^2）	外溢量/ （万元/千米^2）	外溢排序
福建	3 975.86	12.14	327.50	223.36	1
广西	7 740.21	23.67	327.01	222.87	2
海南	1 125.70	3.54	317.99	213.85	3
江西	5 213.59	16.69	312.38	208.24	4
广东	5 545.74	17.98	308.44	204.30	5
浙江	3 037.15	10.18	298.34	194.20	6
云南	10 257.21	39.40	260.34	156.20	7
湖南	4 844.73	21.18	228.74	124.60	8
四川	10 590.48	48.50	218.36	114.22	9
重庆	1 539.60	8.24	186.84	82.70	10
黑龙江	8 579.18	47.30	181.38	77.24	11
湖北	3 283.13	18.59	176.61	72.47	12
吉林	3 081.32	18.74	164.42	60.28	13

续表

省份	价值/亿元	面积/万千米²	价值密度/（万元/千米²）	外溢量/（万元/千米²）	外溢排序
辽宁	2 273.55	14.80	153.62	49.48	14
贵州	2 515.11	17.62	142.77	38.63	15
北京	235.40	1.68	140.05	35.91	16
陕西	2 684.48	20.58	130.44	26.30	17
安徽	1 754.74	13.96	125.70	21.56	18

资料来源：杨振等（2012）

　　通过表 6.11 可知，价值外溢省区共计 18 个，其中，福建、广西、海南、江西和广东的外溢量位居前 5 位，其价值密度均超过 300 万元/千米²，外溢量均超过 200 万元/千米²。而这 5 个省区的森林覆盖率均超过了 55%。

　　森林生态服务外溢的省份对相邻省份乃至全国的生态贡献很大，理应受到补偿。而如果该省份的经济发展水平较低、林业生态建设支出又较大，则意味着其在后期的林业生态建设中面临着很大的资金压力，更迫切地需要通过生态补偿来加速回收林业生态建设的成本，以保证地方经济与林业生态建设的协同发展。为此，在综合考虑生态建设与保护的年投资额、地区生产总值、地方财政一般预算收入及未来林业生态建设任务的复杂程度等因素的基础上，对上述森林生态服务外溢省份补偿的优先度进行划分，补偿的优先顺序如表 6.12 所示。

表 6.12　各省应得补偿的优先度及排序

省份	排序	省份	排序
广西	1	广东	10
江西	2	黑龙江	11
云南	3	陕西	12
福建	4	安徽	13
湖南	5	吉林	14
海南	6	贵州	15
四川	7	湖北	16
重庆	8	北京	17
浙江	9	辽宁	18

　　不同省域主体功能区林业生态建设的补偿责任，主要应包括以下层次：

　　（1）森林生态服务输入的省份对相邻的森林生态服务外溢的省份承担补偿责任，如上海市的森林覆盖率仅为 10.74%，不及全国平均水平的一半，在全国位居第 28 位，而相邻的浙江省森林覆盖率为 59.07%，在全国位居第 3 位。上海市分享了浙江省大量的森林生态服务，同时上海市的经济发达、经济支付能力强，因此应该承担对浙江省林业生态建设补偿的责任。

（2）对于同为森林生态服务外溢的相邻省份，应当按照优先顺序承担补偿责任，即排在后面的省份对排在前面的相邻省份予以补偿，如云南省应对广西壮族自治区承担补偿责任，辽宁省应当对吉林省承担补偿责任。

（3）同为森林生态服务输入的相邻省份，应当根据相邻边界的主体功能区性质承担补偿责任，即相邻边界处为城市化地区的省份对边界处为重点开发区的相邻省份予以补偿。如果相邻省份同为城市化地区或者重点生态功能区，则应综合考虑森林覆盖率、林业生态建设的重要性程度及林业生态建设的任务量，从而确定其应承担的补偿责任。例如，天津市应对河北省承担林业生态建设补偿责任。

（4）对于森林资源匮乏、受益于其他省份的森林生态服务，而经济发展水平又很落后的省份，如新疆、青海，本身就面临着艰巨的林业生态建设任务。因此，在补偿中可予以先期减免，将其财政资金先致力于本省的林业生态建设，随着林业生态建设的推进及财政实力的提升再视具体情况承担补偿责任。

不同省域主体功能区的补偿责任主要通过省级政府间横向转移支付来实现。政府间横向转移支付这种财政制度安排不仅局限于财政资金的平行转移，而且还体现在与财政资金有关的人员、物资、项目和技术等方面的援助，即除了资金补偿外，还可以采取定向援助、对口支援等方式，以实现林业生态建设成本在不同区域间的有效交换与分担。为了提高横向转移支付的有效性，必须由中央政府组织、引导省级政府之间的协商、谈判，并对达成补偿意向的转移支付资金进行监督。

不同省域主体功能区林业生态建设补偿责任除了采取上述"一对一"的方式之外，还可以设立林业生态建设横向转移支付基金，成立由中央政府相关职能部门的代表及各省级政府的代表共同组成的日常组织机构，专门负责监督基金的运行情况，该基金由森林生态服务输入省份的政府财政资金拨付形成，拨付比例应在综合考虑财政收入水平、GDP 总值、人口规模、森林生态服务受益程度等因素的基础上来确定并逐渐提高。各省级政府按拨付比例将财政资金存入林业生态建设横向转移支付基金，并保证依照这一比例按期、及时拨付。该转移支付基金必须用于具有省域间双边影响的林业生态建设领域，包括天然林资源保护、天然湿地的保护、生态脆弱地带的植被恢复、退耕还林（草）、防沙治沙，以及因林业生态建设需要而关闭或外迁企业的补偿等。

6.6.2   同一省域不同主体功能区补偿责任的承担

对于同一省域而言，重点开发区、优化开发区与限制开发区、禁止开发区的森林生态资源状况不同，而功能定位和发展方向的差异必然会造成这些区域间利益的失衡。重点开发区、优化开发区分享了限制开发区、禁止开发区的森林生态服务，应当对限制开发区、禁止开发区给予生态补偿。这就需要建立由重点开发区域委员会代表、优化开发区域委员会代表、限制开发区域委员会代表、禁止开发区域委员会代表、仲裁者及调节者构成的交流合作平台，通过平等协商的方式，去解决生态效益空间转移所引发的冲突。对于同一省域内不同主体功能区的林业生态建设补偿，可以选择在林业生态建设已取得显著成效，同时经济状况较发达的省份先期试点。建议先期可以选择福建省、浙江省、广东省、辽宁省、四川省、湖北省及北京市进行试点，之后再逐步推开。现以福建省为例加以说明。

福建省 2002 年成为全国首批生态省建设试点省之一。2009 年 12 月，福建省出台的《关于持续深化林改建设海西现代林业的意见》中提出，"严格控制天然阔叶林皆伐"。2010 年 11 月，福建省政府再度明确提出："从 2011 年起连续三年，严控低产林改造，暂停对天然阔叶林采伐，暂停对天然针叶林皆伐；坡度大于 25 度的一般人工用材林提倡实行择伐。全省皆伐面积控制在'十一五'期间年均皆伐面积的 50% 以内。"福建省 2014 年实现财政总收入 3 828 亿元，增长 11.6%。地方公共财政收入 2 362 亿元，增长 11.5%，地区生产总值为 24 055.76 亿元，在全国排名第 11 位。

福建省优化开发区域面积为 1 365.2 平方千米，占全省总陆域面积的 1.1%，包括福州中心城区、厦门中心城区及泉州中心市区。福建省重点开发区域面积为 36 143.0 平方千米，占全省陆域总面积的 29.1%，主要是国家层面的海西沿海城市群和省级层面的闽西北重点开发区域。其中，海西沿海城市群主要包括福安市、宁德市、长乐市、福清市、平潭综合实验区、莆田市、石狮市、晋江市、南安市、龙海市、漳州市及其他重点开发的城镇；闽西北重点开发区域主要包括南平市、三明市和龙岩市。

福建省限制开发的重点生态功能区分为水源涵养型、生物多样性维护型和水土保持型三种类型，其中部分重点生态功能区为两种主导生态功能组合型。福建省限制开发的重点生态功能区主要包括闽东鹫峰山脉山地森林生态功能区等七个地区，面积为 36 531.1 平方千米，占全省总陆域面积的 29.5%，具体情况如表 6.13 所示。

表 6.13　福建省限制开发的重点生态功能区林业生态状况及其建设任务

区域	类型	范围	林业生态状况	林业生态建设任务
闽东鹫峰山脉山地森林生态功能区	水源涵养、水土保持	主要包括宁德市除古田县以外的各县（市）的部分乡镇；福州市闽侯、罗源县部分乡镇；南平市延平区部分乡镇	森林针叶化严重，生态系统结构趋于简单，影响水源涵养能力，局部地区水土流失较严重	封育保护山地，加强森林营造，改善树种结构，发展森林生态旅游业
闽中戴云山脉山地森林生态功能区	水源涵养、生物多样性维护	主要包括泉州市德化、永春、安溪县的部分乡镇；莆田市仙游县北部部分乡镇；三明市大田县部分乡镇；福州市永泰县部分乡镇	森林覆盖率较高，生物多样性较丰富，但森林生态系统结构不合理，地带性植被常绿阔叶林比例不高呈岛状分布，部分区域存在植被破坏和水土流失现象	推进天然林保护和封山封育，改善树种结构，建设连接重要自然保护区和物种栖息地的森林生态廊道
龙江、木兰溪、晋江中游丘陵茶果园生态功能区	水土保持	主要包括泉州市安溪县西部和东北部 12 个乡镇；永春县东南部部分乡镇；莆田市仙游县园庄镇、度尾镇和书峰乡	森林面积小，生态系统退化；水土流失较严重	控制土壤侵蚀，加强山地森林营造和生态公益林的管护
闽中博平岭、玳瑁山山地森林生态功能区	水源涵养	漳州市华安县大部乡镇、龙岩市新罗区万安镇和岩山乡	森林覆盖率较高，生物多样性丰富，目前森林针叶化较严重，常绿阔叶林比例不高且呈岛状分布	推进天然林保护和封山封育，植树造林，提高常绿阔叶林比例
九龙江下游和浦-云-诏西部丘陵山地茶果园和森林生态功能区	水土保持	漳州市华安县、长泰县、南靖县、漳浦县、云霄县、诏安县的部分乡镇以及平和县坂仔镇和南胜镇、东山县前楼镇和陈城镇	森林覆盖率不高，森林生态系统退化严重	加强林地封育和植树造林，扩大常绿阔叶林比例，恢复森林生态系统和生态功能
闽西武夷山脉北段山地森林生态功能区	水源涵养、生物多样性维护	南平市的建阳、邵武、武夷山、延平区的部分乡镇；三明市沙县、永安市的部分乡镇	是中亚热带常绿阔叶林保存最好的地区，但部分天然常绿阔叶林已破碎成孤岛状，目前森林趋向针叶林化。生态条件优越，生物种类繁多，水源涵养、水文调蓄功能较强	加快常绿阔叶林的抚育、恢复和扩大，建设连接重要自然保护区和物种栖息地的森林生态廊道，保持和增强水源涵养功能和生物多样性维护功能，发展森林生态旅游业
闽西武夷山脉南段山地森林生态功能区	水源涵养、水土保持	龙岩市永定县的大部分乡镇	森林针叶化严重，常绿阔叶林比例不高	推进封山封育和天然林保护，扩大常绿阔叶林面积

资料来源：根据福建省主体功能区规划以及调研资料整理、编制

　　福建省省级以上禁止开发区域总计 240 处，其中省级以上自然保护区 38 个，

省级以上森林公园 84 个，省级以上湿地 10 处；省级以上禁止开发区域陆地面积
8 601.09 平方千米，占全省陆地总面积的 6.94%，其中国家级禁止开发区域 69 处，
陆地禁止开发区域总面积为 5 455.30 平方千米，占全省陆地国土面积的 4.40%。

在林业生态建设补偿中，福建省可以建立由福州市、莆田市、泉州市、厦门
市、漳州市、龙岩市、三明市、南平市和宁德市各市代表以及福建省发展和改革
委员会、财政厅、林业厅相关部门代表组成的补偿机构，通过平等协商的方式，
对补偿标准、补偿的实施途径、补偿效益的评价及补偿的意愿、补偿的形式等进
行有效沟通与协商；定期召开协商会议，有效解决不同主体功能区域在资源争夺
中产生的无效冲突，从而达成共识，完成补偿。

除此之外，可以在某些限制开发区、禁止开发区和重点开发区、优化开发区
之间建立更加紧密的合作关系。例如，福州市和泉州市市辖区内既有优化开发的
区域又有限制开发的区域，宁德市、南平市、莆田市、三明市、漳州市、龙岩市
市辖区内既有重点开发的区域又有限制开发的区域。为此，可以考虑在同一市辖
范围内的优化开发区或重点开发区划出一片区域，由其限制开发区来进行招商引
资，组织劳动力到优化开发区或重点开发区就业，发展经济，取得的收入用于满
足限制开发区林业生态建设资金的需要；同时，也可以在限制开发区内划出一片
区域，由优化开发区或重点开发区提供从事林业生态建设的技术服务，或者直接
投资进行林业生态建设。

同一省域内不同主体功能区林业生态建设合作补偿很可能是一个长期的
博弈过程，因而在合作补偿机制的运行过程中，除了主体功能区所在地的市、
县政府的协调作用之外，还需要省级政府及中央政府的监督管理，以提高合作
补偿的效率。

第7章 不同阶段主体功能区林业生态建设的补偿重点及不同主体的补偿偏好

7.1 不同阶段主体功能区林业生态建设的补偿重点

主体功能区林业生态建设需要动力，这种动力既包括生态经济系统自身的规定，也隐含着宏观补偿政策及其机制的驱动。总体而言，主体功能区林业生态建设的年限应由林业生态建设取得显著成效所需的时间来决定。根据主体功能区林业生态建设的特点，建议分以下三个阶段进行。

7.1.1 初期阶段

初期阶段是指主体功能区林业生态建设的启动实施阶段，在这一阶段主要让相关主体逐步转变原来的生产方式，投入到林业生态建设中去。地方政府特别是县及县以下各级政府的行为取向、林业生产经营单位的生产经营管理方式、林农或林区职工的生存与生活方式都要以林业生态建设活动为中心，且林业生态建设行为应有利于构建生态廊道和生态网络。

经过初期阶段的建设，林地保有量、草原面积、河流、湖泊、湿地面积等将均有大幅增加；单位面积绿色生态空间蓄积的林木数量、产草量和涵养的水量明显增加；生态系统稳定性明显增强，生态退化面积减少，生物多样性得到切实保护。初期阶段的时间长短取决于林业生态建设的实施成效以及区域生态功能的维护状况（高国力，2008），平均时限大约为10年。

在初期阶段，主体功能区内的森林资源开发、产业发展、人口分布和城镇布局等方面受到限制或禁止，将对相关利益主体产生直接的影响和损失。为此，初期阶段林业生态建设补偿的重点主要应包括三项：一是对天然林资源保护、退耕还林等林业生态工程所发生的种苗、营造、抚育、管护、动植物保护及生物多样性维护等的投入补偿；对公益林建设、湿地保护、草地保护、防沙治沙、与营造林、加强森林资源管理相关的林业生态基础设施建设、林业有害生物防治、自然保护区及森林公园建设等的投入补偿。这是确保林业生态状况不断改善的基础条件，同时也有助于生态遭到破坏的地区尽快偿还生态欠账。二是对生态移民的补偿投入，包括搬迁费用、牧民定居费用等（贾若祥，2007）。三是对比较明确的损失进行补偿，使相关利益主体不因限制和禁止开发在短期内明显受损。主要补偿受偿者因为林地、草地等利用方式的改变而带来的损失，如禁止开发区域中牧民禁牧休牧期间的生活费用补助，全面停止天然林商业性采伐中对林区职工的生活补助、转产企业的项目补偿等。初期阶段的补偿资金主要来源于中央和地方财政预算资金及财政转移支付，主要采用货币补偿、实物补偿和智力补偿。与此同时，还应广泛开展横向生态补偿的实践并积极推进市场化补偿。

7.1.2　中期阶段

在中期建设阶段，限制开发与禁止开发的重点生态功能区承载人口、创造税收及工业化的压力大幅减轻，而涵养水源、防沙固沙、保持水土、维护生物多样性、保护自然资源等生态功能大幅提升，森林、水系、草原、湿地、荒漠和农田等生态系统的稳定性增强，近海海域生态环境得到改善。重点开发区和优化开发区的开发强度得到有效控制，绿色生态空间保持合理规模。

在中期阶段，林业后续产业已经有了一定的规模，森林、湿地的生态经济价值初步实现。但随着初期补偿效应的消失，在生态与经济的冲突中，会引发一些新的矛盾，使林业生态建设存在局部反弹。为此，中期阶段对林业生态建设仍需要进一步巩固。在中期阶段，林业生态建设除了对原有建设任务的继续推进外，还需要进行林木补植、病虫害防治、防火管护等工作，同时还应围绕林业生态建设进行产业结构调整，以寻求新的收入来源和经济增长点。为此，中期阶段期限的长短主要取决于初期阶段林业生态建设成果的稳定性以及区域的自我发展和修复能力，平均时限大致为15年。

中期建设阶段是指生态补偿进一步开展的阶段，是通过生态补偿发展生态产业、后续产业，调整区域内林业产业结构的阶段，是生态效益逐步产生的阶段，是决定生态补偿能否成功实施的关键阶段（陈作成，2015）。该阶段的补偿重点如下：一是继续对林业生态工程建设、公益林建设及其管护的补偿投入，强化生态功能维护，巩固林业生态建设的成效；二是补偿限制开发区域、禁止开发区域林业产业结构调整所需的成本，包括发展生态产业及后续产业所需的设备、设施的技术投入以及受偿者为获取新的生产技能的培训学习投入等；三是对生态移民后续生产、生活的补偿，拓展居民就业渠道、提高其就业技能，以形成防控人口回流及生态破坏的长效机制；四是对林区基本公共服务体系建设的补偿，如医疗、教育等，使限制开发区、禁止开发区域内从事林业生态建设的居民的收入水平及所享有的公共服务水平总体上达到全省平均水平。

在中期林业生态建设补偿中，政府补偿仍然占据主体地位，但随着林区社会改革及体制改革的推进，地方财力也将有所提高，这一阶段地方政府的补偿资金将会比初期大幅增加，横向生态补偿力度加大。与此同时，随着转型企业经济效益的好转，还应从其特色优势产业的收益中征收部分基金用于林业生态建设补偿。例如，从森林旅游企业的营业收入中提取一定比例的资金，专项用于林业生态建设。此外，碳汇交易等市场化补偿将得到广泛应用。

7.1.3　后期阶段

后期阶段的林业生态建设主要是使国土得到全面绿化，水土流失和沙漠化形成的生态环境问题得到根本性的解决，国土生态安全得到全面保障，坡耕地实现梯田化，三化草地得到全面恢复，林种、树种结构合理，林业生态系统步入良性循环的轨道，稳定形成人与自然和谐发展的格局。后期林业生态建设的时限取决于主体功能区内林业生态建设与其他建设相协调、耦合的进程，平均时限约为20年。

林业生态建设是中央政府与地方政府、林业生产经营单位、主体功能区内相关企业、林区职工以及林农的长期互动与博弈过程，作为理性代表的中央政府，能否通过补偿，引导相关利益主体自觉进行可持续的林业生产与经营，是实现林业生态建设最终目标的关键。为此，后期阶段林业生态建设补偿的重点主要应体现在：一是对林业生态建设的管护费用补偿，进一步巩固林业生态建设的成效，重在促进发挥生态功能和生态效益，以保证森林生态系统服务的可持续供给。二是继续加大对林区基本公共服务体系建设的补偿，使限制开发区、禁止开发区域内从事林业生态建设的居民的收入水平以及所享有的公共服务水平达到全国平均水平。三是提高补偿标准并拓宽补偿范围。经过前面两个阶段的建设，主体功能区内的生态产业反哺能力增强，整个社会的生态环境意识以及居民的生态补偿意愿也日益增强。因此，可以考虑逐步对森林生态系统服务功能加以补偿。

在后期阶段，林业生态建设补偿的资金来源日趋规范和稳定，既包括中央和省级政府持续稳定的财政转移支付，又包括来自企业特色资源开发的级差收益。横向转移支付形式的区域间林业生态建设补偿不断完善，森林认证等市场化补偿手段常态化（高国力，2008）。林业生态建设补偿除货币补偿外，人才、技术、专利和知识产权等多种形式的补偿方式被普遍应用。基于此，除了应将中期阶段林业生态建设补偿所形成的一些行之有效的林业生态建设补偿方式和机制规范化和法制化之外，政府还应借助于财政补偿资金或者补偿政策，主要引导市场补偿和社会补偿，实现林业生态建设补偿结构与需求结构相适应，从而建立、健全政府引导、市场推进、全社会积极参与的良性、稳定的长效补偿机制。

7.2　不同主体的补偿偏好

7.2.1　政府

政府是主体功能区林业生态建设中的经常性补偿主体。在主体功能区林业生态建设补偿中，始终伴随着中央政府与地方政府的互动。中央政府是补偿政策的制定者以及林业生态建设的发起者，地方政府则具体负责实施补偿政策并组织林业生态建设，两者的行为策略选择及长期演化态势对于补偿政策的执行及林业生态建设的推进起着至关重要的作用。为此，将博弈论的基本原理引入主体功能区林业生态建设补偿领域，有助于更全面地分析中央政府与地方政府之间的补偿关系和补偿行为，以减少双方互动过程的不确定性，进而提高补偿效率、加快林业生态建设的进程。

在主体功能区林业生态建设补偿博弈中，参与人是中央政府及地方政府，假设它们都是完全理性的，能够充分考虑到行为可能产生的影响，进而在行为相互作用、利益相互影响的局势中做出各自收益或效用最大化的、合乎理性的决策（李璐和刘晓光，2015）。中央政府和地方政府通过博弈，将形成相对稳定的博弈结果，即达到纳什均衡。

1. 中央政府和地方政府在补偿意愿方面的博弈

假设地方政府积极补偿主体功能区林业生态建设情况下的净收益为 NI_1，不积极补偿主体功能区林业生态建设情况下的净收益为 NI_2，主体功能区林业生态建设补偿的总成本为 C。中央政府的超强权力地位，使中央政府无论是在资源配置、信息、组织化程度，还是在交易费用等方面，都处于支配地位。为此，假设中央政府的净收益在任何情况下都是地方政府的 $a(a \geqslant 1)$ 倍，则中央政府和地方政府的一次博弈可能出现的四种结果如下：①当中央政府愿意补偿而地方政府也愿意补偿时，中央政府的净收益为 $a\mathrm{NI}_1-C$，地方政府的净收益为 NI_1-C；②当中央政府不愿意补偿而地方政府愿意补偿时，中央政府的净收益为 $a\mathrm{NI}_2$，地方政府的净收益为 NI_1-C；③当中央政府愿意补偿而地方政府不愿意补偿时，中央政府的净收益为 $a\mathrm{NI}_1-C$，地方政府的净收益为 NI_2；④当中央政府不愿意补偿而地方政府也不愿意补偿时，中央政府的净收益为 $a\mathrm{NI}_2$，地方政府的净收益为 NI_2。在此基础上的博弈矩阵如表 7.1 所示。

表 7.1　中央政府与地方政府补偿意愿博弈

地方政府	中央政府	
	愿意补偿	不愿意补偿
愿意补偿	$(\mathrm{NI}_1-C,\ a\mathrm{NI}_1-C)$	$(\mathrm{NI}_1-C,\ a\mathrm{NI}_2)$
不愿意补偿	$(\mathrm{NI}_2,\ a\mathrm{NI}_1-C)$	$(\mathrm{NI}_2,\ a\mathrm{NI}_2)$

在上述博弈矩阵中，如果 $a\mathrm{NI}_1-C < \mathrm{NI}_2$，那么在主体功能区林业生态建设补偿过程中，中央政府就会选择不愿意补偿。如果 $a\mathrm{NI}_1-C > \mathrm{NI}_2$，那么中央政府就会愿意对主体功能区林业生态建设予以补偿。但是地方政府的补偿意愿则取决于补偿主体功能区林业生态建设的成本净收益情况。博弈双方的均衡点根据 C 的大小有如下三种情况。

第一种：当 $C > a\mathrm{NI}_1$ 时，中央政府和地方政府同时选择愿意补偿策略的净收益为负值，一方愿意补偿而另一方不愿意补偿时，选择愿意补偿一方的净收益也为负值，所以博弈的均衡点为（不愿意补偿，不愿意补偿），此时双方的博弈就是典型的囚徒困境。

第二种：当 $C < \mathrm{NI}_1-\mathrm{NI}_2$ 时，就存在 $\mathrm{NI}_1-C > \mathrm{NI}_2$，$a\mathrm{NI}_1-C > a\mathrm{NI}_2$，所以中央政府和地方政府选择愿意补偿的策略要优于选择不愿意补偿的策略，此时博弈的均衡点为（愿意补偿，愿意补偿）。

第三种：当 $\mathrm{NI}_1-\mathrm{NI}_2 < C < a\mathrm{NI}_1-\mathrm{NI}_2$ 时，不能用最优策略得到均衡，那么要寻找这个博弈的均衡解，对于地方政府来说，"不愿意补偿"完全优于"愿意补偿"，即 $\mathrm{NI}_2 > \mathrm{NI}_1-C$，所以理性的地方政府必定选择"不愿意补偿"；对于中央政府来说，由于主体功能区林业生态建设的公共产品属性，即使明知道地方政府会选择"不愿意补偿"策略，但是自己选择"愿意补偿"会比双方都选择"不愿意补偿"有所收获，如环境效应、国土生态安全的保障等。所以从长远利益出发，就会采取"愿意补偿"策略。这成为中央政府与地方政府博弈唯一的均衡点，此时博弈的均衡点为（愿意补偿，不愿意补偿）。

2. 中央政府和地方政府在补偿额度方面的博弈

为便于问题的分析和研究，假设中央政府与地方政府在对主体功能区林业生态建设增加补偿额度的情况下净收益均为 NI_1，在对主体功能区林业生态建设补偿不增加补偿额度的情况下净收益为 NI_2，主体功能区林业生态建设补偿的总成本为 C，并假设补偿主体功能区林业生态建设时的净收益大于不补偿主体功能区林业生态建设时的净收益。中央政府与地方政府的一次博弈可能出现四种结果：一是当中央政府增加补偿额度而地方政府也增加补偿额度时，中央政府净收益为 NI_1-C，地方政府净收益也为 NI_1-C；二是当中央政府不增加补偿额度而地方政府增加补偿额度时，中央政府净收益为 NI_2，地方政府净收益为 NI_1-C；三是当中央政府增加补偿额度而地方政府不增加补偿额度时，中央政府净收益为 NI_1-C，地方政府净收益为 NI_2；四是当中央政府不增加补偿额度而地方政府也不增加补偿额度时，中央政府净收益为 NI_2，地方政府净收益也为 NI_2。在此基础上可以建立博弈模型，如表 7.2 所示。

表 7.2　中央政府与地方政府补偿额度博弈

地方政府	中央政府	
	增加补偿额度	不增加补偿额度
增加补偿额度	（NI_1-C, NI_1-C）	（NI_1-C, NI_2）
不增加补偿额度	（NI_2, NI_1-C）	（NI_2, NI_2）

当 $NI_1-C < NI_2$ 时，对于中央政府和地方政府两个补偿主体而言，选择增加补偿额度不能带来正效益。双方的占优策略都是不增加补偿额度，博弈的均衡点为（不增加补偿额度，不增加补偿额度），博弈就会陷入囚徒困境，致使双方都不愿意再对主体功能区林业生态建设追加补偿资金。

当 $NI_1-C > NI_2$ 时，中央政府和地方政府都不存在占优策略，彼此的行为都将会受到对方的影响：不增加补偿额度的一方会给增加补偿额度的一方带来负的经济外部性，即成本转嫁问题。当中央政府增加补偿额度时，地方政府可以通过"搭便车"，不需要支付任何成本只享受净收益，博弈的均衡点为（增加补偿额度，不增加补偿额度）；当然在经济发达的省份，当地方政府重视生态环境，对主体功能区林业生态建设提高补偿标准、增加补偿额度时，中央政府也可以通过生态政绩激励等非物质手段来实现其生态目标，博弈的均衡点就成为（不增加补偿额度，增加补偿额度）。

可见，如果中央政府和地方政府之间不存在约束力的协议，在理性的制约下，双方从自身利益考虑，不会选择（增加补偿额度，增加补偿额度）这一双赢的策略组合。这也是目前主体功能区林业生态建设补偿资金不足的一个重要原因。

通过上述博弈分析可知，地方政府在补偿意愿方面较之中央政府而言是不积极的。这就需要相应的激励机制加以引导并辅之以监督机制予以约束。为此，应改变以往地方政府绩效评估中对 GDP 增长过于偏重的做法，将生态改善、森林资源耗费及环境保护作为地方政府政绩考核的重要方面。另外，中央政府还可以通过合约的形式确定激励性补贴，补贴方案既应突出中央政府对地方政府所期望的生态努力方向和进行林业生态建设补偿的行为方式，也应重视地方政府进行林业生态建设补偿的边际期望收益。

从中央政府与地方政府的博弈关系可以看出，如果仅谋求自身经济效益的最大化，无论是否有能力加大补偿力度，它们都不会选择这一策略。但主体功能区林业生态建设的公共产品性质，需要中央政府与地方政府在各自层面发挥相应作用。中央政府应将补偿资金重点用于关系国家生态安全的国家级重点生态功能区、国家级自然保护区、国家级风景名胜区和国家级森林公园、湿地等；中央政府对于具有跨行政区外部性及代际外部性的林业生态工程的补偿和跨省流域的生态补偿也应承担相应的责任。地方政府作为落实主体功能区的直接行为主体，应将补偿资金更多地惠及限制开发区和禁止开发区域内的林业生态建设。

7.2.2　社会组织

主体功能区林业生态建设补偿中的社会组织主要包括两类：

一类是公益性的社会团体，即与林业生态建设无直接关联，但出于生态意识以及对国土生态安全的关心、对绿色生存空间的向往而筹集资金对林业生态建设给予补偿。这类社会组织的补偿意愿很积极，但补偿额度将受到所募集资金多少的限制，不具有稳定性。

另一类社会组织则是所从事的生产经营活动、发生的经济行为会利用到森林生态资源或者从林业生态建设过程中获益的企业组织。一般而言，除少数企业具有良好的生态意识、愿意积极对林业生态建设予以补偿之外，多数企业缺乏生态环境保护意识，在经济效益最大化目标的驱使下，不愿意对林业生态建设予以主动补偿，加之林业生态效益的公共产品属性，使企业更倾向于"免费搭车"。这就往往需要依靠强制性的制度安排来予以规范，如对于勘查、开采矿藏和修建道路、水利、电力、通信等各项建设工程需要占用、征用或者临时占用林地，经县级以上林业主管部门审核同意或批准的，用地单位应当向县级以上林业主管部门缴纳森林植被恢复费，以促进节约、集约利用林地，实现森林植被占补平衡。

由此可见，在主体功能区林业生态建设补偿中，仅靠企业的自知自觉行为是不够的。为了增强企业对主体功能区林业生态建设补偿的意愿，提高其补偿额度，首先应加大宣传和教育力度，转变其森林资源无价的观念，使不同类型的企业都能认识到林业建设在经济社会可持续发展中的基础作用，从而形成林业生态建设补偿的合力；其次，应建立、健全相应的激励与监督机制，建立受益企业直接补偿体系，如从森林旅游、内河航运、水电等企业的营业收入中提取一定比例的资金转化为补偿基金，专项用于主体功能区林业生态建设补偿。

7.2.3　居民

林业生态建设涉及的地域广、受益群体众多，按照"谁受益、谁补偿"的原则，居民也应该成为补偿主体之一。在政府财力有限以及居民日益增长的生态需求与绿色空间供给不足之间的矛盾日益突出的情况下，林业生态建设周边地区尤其是城市化地区的居民应该有偿获得林业生态服务。但是处于不同主体功能区域的居民补偿偏好有所不同，而处于同一主体功能区域的居民，其年龄、职业、文化程度和收入高低等情况也会对补偿偏好有所影响。为了便于对居民的补偿偏好加以归纳、总结，此处选用问卷调查法进行研究。

问卷调查法是运用统一设计的问卷通过向被选取的调查对象了解情况、征询意见而搜集资料的一种研究方法。问卷调查法最大的优点在于能够突破时空限制，在较为广阔的范围内，对众多被调查对象同时进行调查，方便对调查结果进行定量研究。为了使调查样本更具有普遍性，调查问卷的发放主要采取以下方式：① 利用在黑龙江省林业厅、辽宁省林业厅、吉林省林业厅、龙江森工集团、松花江林业管理局、哈尔滨市发展和改革委员会、大庆发展和改革委员会、哈尔滨市国家税务局召开座谈会、进行专家咨询和专家访谈的机会对相关人员发放调查问卷95份，回收95份，有效问卷95份；②在哈尔滨、沈阳、长春的国家森林公园、大庆龙凤湿地自然保护区以及上述四个城市周边人口相对密集的地区随机发放问卷700份，回收580份，有效问卷525份。通过以上两种方式共计收回有效问卷620份。调查问卷包括问卷的标题及说明、调查对象的基本情况及调查的主体内容三个部分。其中，问卷的主体内容包括15个选择性题目和2个开放性题目。现将调查情况分类分析如下：

1. 基本情况以及对林业生态建设补偿认知情况的分析

根据问卷调查得到的数据对被调查者的基本情况整理汇总得到结果,如表 7.3 所示。

表 7.3　调查对象的基本信息情况

特征	选项	样本量	比例/%
年龄	25 岁以下	50	8.1
	25~40 岁	378	61.0
	40~55 岁	114	18.3
	55 岁以上	78	12.6
职业	公务员	45	7.3
	教师	60	9.7
	工人	52	8.4
	公司职员	245	39.6
	在校学生	38	6.1
	自由职业者	159	25.6
	其他	21	3.3
学历	初中及以下	33	5.3
	高中（中专、技校）	114	18.4
	大专	117	18.9
	本科及以上	356	57.4
家庭年收入	5 万元以下	221	35.6
	5 万~10 万元	301	48.5
	10 万~20 万元	69	11.1
	20 万元以上	29	4.8
主要收入来源	工薪收入	380	61.3
	投资收益	48	7.8
	经营所得	97	15.6
	其他	95	15.3
家庭人口	2 人及以上	89	14.3
	3~4 人	424	68.4
	5~6 人	84	13.6
	6 人以上	23	3.7

资料来源：根据调查问卷整理编制

通过表 7.3 可以看出,被调查者中 25~40 岁的人占一半以上,且有一半以上学历为本科及本科以上;公司职员与自由职业者居多,二者分别占 39.6% 和 25.6%;

此外，绝大多数家庭的家庭人口是 3~4 人，家庭年收入在 5 万~10 万元，占 48.5%，且主要来自工薪收入。调查对象对居住环境及主体功能区林业生态建设补偿的认知情况如表 7.4 所示。

表 7.4　调查对象对居住环境及主体功能区林业生态建设补偿的认知情况

调查项目	选择情况	样本量	占调查人数比例/%
对居住区生态环境的关注程度	非常关注	29	4.7
	一般关注	261	42.1
	不太关注	278	44.8
	没关注过	52	8.4
林业生态环境好坏对生活的影响程度	非常大	58	9.4
	比较大	384	61.9
	一般	145	23.4
	比较小	27	4.4
	没影响	6	0.9
对主体功能区的了解程度	非常了解	7	1.1
	一般了解	35	5.6
	不太了解	192	31.0
	一无所知	386	62.3
对林业生态补偿的了解程度	非常了解	32	5.2
	知道并有所了解	113	18.2
	听说过但不了解	353	56.9
	一无所知	122	19.7
目前林业生态环境的破坏严重程度	非常严重	230	37.1
	比较严重	351	56.6
	不严重	24	3.9
	不知道	15	2.4
是否应该对林业生态建设进行补偿	应该	550	88.7
	不应该	30	4.8
	不知道	40	6.5

资料来源：根据调查问卷整理编制

由表 7.4 可以得出，76.6% 的调查对象对林业生态建设补偿了解甚少，甚至有 19.7% 的调查对象对林业生态建设补偿一无所知，这一结果表明人们的生态观念淡薄，为此应加大对林业生态建设补偿的宣传力度，使人们对其有广泛的了解；93.3% 的调查对象不了解主体功能区是什么，这势必会对我国主体功能战略的顺利推进产生不利影响，这同时也从另一侧面说明了我国主体功能区相关政策的出台缺少社会公众的广泛参与。与此同时，93.7%的调查对象意识到了生态破坏的严重性；对于林业生态建设，88.7%的调查对象认为应该加以补偿，还有11.3%的调查对象认为不应该补偿或不知道该不该补偿。

2. 对林业生态建设补偿主体和方式的选择分析

对认识到应该进行林业生态建设补偿的550位调查对象进一步分析，结果如表7.5所示。

表7.5　调查对象对林业生态建设补偿主体及补偿方式的选择情况表

调查项目	选择情况	样本量	占调查人数比例/%
林业生态建设补偿的主体	政府	505	91.9
	受益企业及相关社会组织	268	48.7
	居民	139	25.3
林业生态补偿需要哪些方面的资金支持	政府财政拨款	496	90.2
	林业相关部门资金支持	273	49.6
	林业生产经营单位自有资金	139	25.3
	公益组织捐款	212	38.5
	旅游业等相关行业收费	128	23.3
	社会公众资金	119	21.6
林业生态补偿应该采用的方式	资金补偿	523	95.1
	实物补偿	240	43.6
	政策补偿	180	32.7
	智力补偿	18	3.3
	项目补偿	48	8.7
跨区域林业生态补偿的必要性	非常必要	206	37.5
	有一定必要性	166	30.2
	不必要	58	10.5
	不了解	120	21.8

资料来源：根据调查问卷整理编制

表7.5中前三个调查项目均为多项选择，根据统计结果可以看出，在认为应该补偿的调查对象中，20%以上的调查对象意识到国家、企业、居民都应该对生态负责，都应该履行对林业生态建设补偿的责任；90.2%的调查对象认为财政资金是最重要的补偿资金来源；大多数调查对象所认可的补偿方式依次为资金补偿、实物补偿和政策补偿，而对智力补偿和项目补偿不甚了解；37.5%的调查对象认为跨

区域生态补偿十分必要。

　　3. 对居民的补偿意愿分析

　　调查对象对林业生态建设补偿意愿及补偿方式的选择情况如表 7.6 所示。

表 7.6　调查对象对林业生态建设补偿意愿及补偿方式的选择情况表

调查项目	选择情况	样本量	占调查人数比例/%
您愿意参与到林业生态建设补偿中来吗	愿意，且带动周围人参与	85	13.7
	愿意，但自己参与不管别人	210	33.9
	可能参与	243	39.2
	与我无关，不会参与	82	13.2
您愿意对林业生态建设补偿采用的支付方式	出资不出力	97	15.6
	出力（如义务植树等）不出资	386	62.3
	既出资也出力	46	7.4
	既不出资也不出力	91	14.7
您暂不愿意参与林业生态建设补偿的原因	家庭收入较低，无额外经济能力	46	50.5
	远离林区，没有享受到森林生态服务	23	25.2
	林业生态补偿是国家的责任	10	11.0
	对林业生态建设补偿不了解	12	13.3

资料来源：根据调查问卷整理编制

　　通过表 7.6 可以看出，有 13.7%的调查对象对林业生态建设补偿持有非常积极的态度，不但自己愿意补偿，还力图宣传、带动周围的人一同进行补偿；有 33.9%的调查对象虽有明确的补偿意愿，但仅限于个人的努力，不愿意再进一步发挥带动作用；有 13.2%的调查对象明确表示不会参与林业生态建设补偿；另外，在总样本中，有 39.2%的调查对象对于是否补偿持不确定态度，而这其中只有 9 人参与了"暂不愿意参与林业生态建设补偿的原因"的回答，说明其中绝大部分还是具有对林业生态建设予以补偿的倾向。

　　通过对数据的整理，影响调查对象对林业生态建设零补偿意愿的主要原因依次为家庭收入较低，无额外经济能力；远离林区，没有享受到森林生态服务；对林业生态建设补偿不了解以及认为林业生态建设补偿是国家的责任，不应该由居民个人承担。

　　对调查对象的林业生态补偿支付意愿进行进一步的交叉分析可以得出：在所有愿意对林业生态建设进行补偿的调查对象中，初中及初中以下的占 7.7%，高中（中专、技校）的占 11.1%，大专的占 15.6%，本科及本科以上的占 65.6%。可见受教育程度越高，对于良好生态的追求越高，进行林业生态建设补偿的意愿越强烈，提高全民的受教育水平是增加居民林业生态建设补偿意愿的一个有效方式。年龄对生态补偿意愿的影响为负效应，因为随着年龄的增大，其思维比较保守，且其对于资金的使用有更多的顾虑，他们的消费模式比较传统、单一，而年轻人思维活跃，不断接触新事物，容易接受林业生态建设补偿的理念；一般情况下，职业影响收入的稳定性，收入越稳定补偿意愿越高；收入水平决定支付能力，收入水平越高，从事林业生态建设的责任感越强，对林业生态建设补偿的主动性、积极性越高。

　　根据上述分析，并结合"对林业生态建设补偿的意见和建议"的开放性论题的调查结果，可以得出：大多数居民认为补偿主要应由国家来提供，由财政资金支付，体现了在林业生态建设补偿方面居民对国家的"依赖性"；同时，调查对象对林业生态建设补偿资金的使用存在怀疑，质疑资金使用的透明性及资金使用的有效性。基于此，为了激励居民积极参与到林业生态建设补偿的活动中去，除了有健全的补偿机制外，还需要有完善的保障体系，以促进林业生态建设补偿的顺利推行。此外，有很多调查对象认为工业相对发达的地区，就会伴随不同程度的污染，需要更多的森林来加以净化，因此工业发达地区应该对林业生态建设地区进行补偿，其内涵即为城市化地区应该对重点生态功能区负有补偿义务。

　　此外，通过对"愿意为哪些事项或服务提供补偿"这一开放性论题调查情况的整理，可以得出：调查对象对于森林生态系统的固碳释氧、净化大气环境、森林游憩的认可度较高，愿意为其支付补偿；对于涵养水源、森林防护的补偿意愿较低；而对于生物多样性保护、保育土壤、积累营养物质等生态服务功能的补偿几乎没有提及。可见，居民对森林生态系统的服务功能还没有准确、系统的认识，对草地、湿地等的补偿更是陌生。

4. 对居民的补偿额度分析

　　居民的补偿额度主要体现在出资和出力两个层面。对于出资和出力需要设定数值范围来引导调查对象回答，如果设定不当，会导致结果与实际产生很大的偏差。为此，在设计调查问卷时，对相关专家进行了出资数额和出力时间方面的咨询，对于出资额度划分为 100 元以下、100~200 元、200~500 元、500~1 000 元及1 000 元以上五个区间，对于出资时间划分为 2 小时以内、2~5 小时、5~10 小时及10 小时以上四个区间。由表 7.6 可知，15.6%的调查对象明确表示仅出资而不出力；7.4%的调查对象既愿意出资也愿意出力，因此愿意采用出资方式进行补偿的调查对象共占总样本的 23%，他们对出资额度选择的具体情况如表 7.7 和图7.1所示。

表 7.7　调查对象对林业生态建设补偿每年出资额度的选择

支付水平	样本量	所占比例/%
100 元以下	64	44.8
100~200 元	47	32.9
200~500 元	16	11.2
500~1 000 元	11	7.7
1 000 元以上	5	3.4
合计	143	100

资料来源：根据调查问卷整理编制

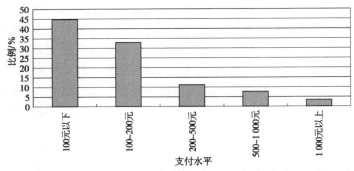

图 7.1　调查对象对林业生态建设补偿的出资额度选择图

通过表 7.7 和图 7.1 可知，选择出资额度在 100 元以下的居多，占愿意采用出资方式进行补偿的调查对象的 44.8%；选择出资额度在 100~200 元的次之，占 32.9%；选择出资额度在 200 元以上的占 11.3%；而选择出资额度在 500~1 000 元及 1 000 元以上的最少，分别为 7.7% 及 3.4%，二者合计占 11%。而通过对调查问卷的进一步分析可知，选择较高出资额度的调查对象的学历均为本科以上，且家庭年收入在 10 万元以上。

由表 7.6 可知，62.3% 的调查对象明确表示仅出力而不出资；14.7% 的调查对象既不出资也不出力，因此愿意采用出力方式进行补偿的调查对象共占总样本的 69.7%，他们对出力时间选择的具体情况如表 7.8 和图 7.2 所示。

表 7.8　调查对象每年参与林业生态建设补偿的出力时间选择

参与时间	样本量	所占比例/%
2 小时以内	58	13.4
2~5 小时	204	47.3
5~10 小时	128	29.6
10 小时以上	42	9.7
合计	432	100

资料来源：根据调查问卷整理编制

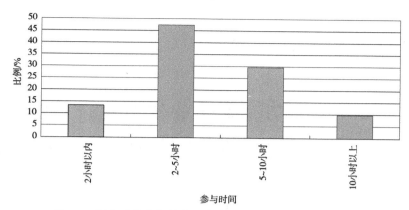

图 7.2　调查对象参与林业生态建设补偿的出力时间选择图

　　通过表 7.8 和图 7.2 可知，选择出力时间在 2~5 小时的居多，占愿意采用出力方式进行补偿的调查对象的 47.3%；选择出力时间为 5~10 小时的次之，占 29.6%；选择出力时间在 2 小时以内的占 13.4%；而选择出力时间在 10 小时以上仅为 9.7%，选择结果基本符合正态分布。而通过对调查问卷的进一步分析可知，选择出力时间在 10 小时以上的 42 名调查对象中，其学历均为大专或者本科及以上，家庭年收入在 5 万~10 万元的居多，没有家庭年收入在 20 万元以上的，有 6 名调查对象的家庭年收入在 5 万元以下，2 名家庭年收入在 10 万~20 万元。

　　综上所述，要提高居民的补偿意愿及补偿额度，应做到以下几点：一是加大宣传力度，且在宣传过程中，注重把森林生态服务功能的重要性与居民的切身利益相连，增强居民的受益感；二是提高居民的受教育水平，加强环境伦理道德的建设以提高居民的自觉支付意愿；三是在制定主体功能区林业生态建设补偿政策时应考虑居民出资与出力两种补偿形式，从而满足不同层次居民的补偿偏好；四是在确定居民的补偿额度时，应符合其意愿和可接受的范围区间，这样才能真正调动居民广泛参与林业生态建设补偿的积极性。

第8章 主体功能区林业生态建设补偿机制有效运行的保障体系

8.1 政策保障

8.1.1 财政政策

财政政策是指国家根据一定时期政治、经济和社会发展的任务，通过财政收入与财政支出的变动来影响和调节总需求进而影响就业和国民收入的政策(张凯, 2014)。为了保障主体功能区林业生态建设补偿机制的有效运行，财政政策应主要在以下方面加以调整：

1. 实行差异化的主体功能区林业生态建设投入政策

由于不同的主体功能区在发展模式和外部功能上存在巨大差异，财政政策对不同主体功能区的林业生态建设补偿投入也应区别对待，各有侧重。对于优化开发区域和重点开发区域的补偿投入应侧重于对林业生态建设成果的保护；对于限制开发区域，财政补偿资金应重点投向森林资源的营造、抚育、管护，水源涵养，动植物保护及生物多样性维护，与营造林、加强森林资源管理相关的林业生态基础设施建设，湿地保护，防沙治沙，林业有害生物防治及生态移民等；对于禁止开发区，应侧重于自然保护区及森林公园的建设补偿投入，尤其应加大对自然保护区的补偿投入力度。

2. 加大对林业生态修复的投入力度

林业生态修复包括两层含义：一是指停止破坏性行为对森林、草原、湿地生态系统的干扰，通过系统的自身调节而恢复其生态功能；二是指通过林业生态活动对生态系统施加积极影响，使受到损害的生态系统功能得以恢复。前者涉及鼓励或引导生态地区人口迁移的费用支出，后者涉及生态恢复重建的人力和物力成本（徐诗举，2011）。近年来，我国财政环保支出逐年递增，但从支出结构看，与政府大搞生态工程建设相比，对生态修复的投入很少（贾康和马衍伟，2008）。建议今后中央和地方财政应加大对林业生态修复投入的比例，资金应重点投向：一是重点生态功能区的生态修复、环境治理与保护。二是生态移民安置以及对不符合环保标准的当地企业进行搬迁补偿。三是扶贫帮困、发展生态林业、增加当地居民收入。与此同时，对主体功能区居民生产生活方式的改变应予以补贴，如通过禁牧、休牧、轮牧补贴等，减少农牧民传统生产生活结构对生态系统的损害。四是对生态修复价值核算、补偿标准计量等基础性研究以及相关环保技术的应用研究等方面。

3. 增加有关主体功能区生态补偿能动性的相关支出

地方政府可以在本级预算中增加：①主体功能区林业生态建设补偿研究支出。②主体功能区林业生态补偿有关宣传支出。为使主体功能区林业生态建设补偿获得社会各界的全方位支持，开展必要的宣传十分重要，为此需要安排一定的专项经费用以普及主体功能区建设以及林业生态建设补偿的相关知识，提高人们的生态责任意识。③负责主体功能区林业生态建设补偿实施的相关部门及人员的相关费用支出。④主体功能区林业生态建设补偿的前期运行经费，如生态环境的测算费用、数字信息系统完善的有关费用等。

4. 为贫困林户提供初级卫生保健服务

森工林区一般地处远离中心城市的偏远乡镇或村屯，与农村交叉，林业职工与农民混居。由于实施天然林资源保护等林业生态建设工程，林业经济处于危困局面，职工收入低于社会平均水平，人均收入与农民相仿，甚至还低于农民。面向贫困人口的经济资源开发和人力资源开发，虽然能使那些拥有正常劳动能力的贫困人口的贫困状态得到缓解，但却不能使病残人、老年人、失去劳动力的林户摆脱贫困状态。而且还会有许多人由于收入的季节性变化、自然灾害或不利的宏观经济冲击等原因，要暂时地或永久地陷于贫困之中。为此，应利用财政拨款，在贫困林区建立场级卫生医疗网点，修建房舍，添置设备，发放林场级卫生员的工资补贴，为贫困林户的病人免费提供基本药品和医疗服务等。

值得注意的是，财政政策是国家整个经济政策的组成部分，同其他经济政策有着密切的联系。财政政策的调控作用不仅受经济发展水平的制约，同时也受制于政府的宏观经济目标。为此，应在总的目标指导下，科学、合理、规范、协调地使用各种政策手段，加强财政政策与其他政策的配合，尤其是金融政策、土地政策及产业政策的协调配合，使其经过有机组合后发挥最佳的合力效应。

8.1.2　税收政策

税收是国家凭借政治权力参与社会产品分配的重要形式，具有无偿性、强制性、固定性和权威性等特点。税收政策是政府根据经济和社会发展的要求而确定的，其核心问题是税收负担。税收政策促进财政目标实现的方式是灵活运用各种税制要素：①适当设置税种和税目，形成合理的税收体系，从而确定税收调节的范围和层次，使各种税种相互配合。②确定税率，明确税收调节的数量界限，这是税收作为政策手段发挥导向作用的核心。③规定必要的税收减免和加成来实现资源的优化配置。税收政策实质上是财政政策的一部分，但由于财政政策的执行依赖于税收的多少，税收政策在财政政策体系中具有极为重要的地位，加之税收政策的相对独立性，因而理论界习惯于将税收政策提升到很高层次并单独列示出来加以研究。

在主体功能区林业生态建设补偿机制的实施过程中，税收政策的调整应该能够有效地影响相关利益主体的边际成本和收益，充分发挥税收中性原则。具体而言，应从以下方面着手：一是对现有涉及生态补偿的税种进行调整，如资源税，应将森林、湿地列入征税范围，而且还应对永久改变林地使用方式征收的林地补偿费改为资源税并适当提高征收标准，以防止林地逆转。二是加快设立专项的生态补偿税种，对生态效益的使用者和受益者普遍征收，使其更具法律效力，消除自然资源实物补偿和价值补偿的两重关系，以及内部化市场失灵导致的生态效益外部性行为。三是将具有税收性质的收费纳入税收体系。例如，对从事林产品加工和经营的企事业单位，可把原料加工费改为原料加工税进行征收，初期可采用低税率征收。四是制定合理的税收优惠政策，充分发挥市场的资源配置作用，以吸引更多社会资金进行林业生态建设补偿，引导资金和生产要素的合理流动。税收优惠可以包括：①对于天然林资源保护工程区兴办的转产项目，尤其是非林、非木的加工项目，如林业企业兴办的制药厂、野菜加工厂等，应纳入扩大增值税抵扣范围内，这样有利于天然林资源保护、有利于减缓木材产量调减承受的多重压力。②通过给予企业所得税的定期减免等优惠措施，鼓励社会资本积极参与新经济林、竹藤花卉、森林食品、珍贵树种培植等绿色产业开发。③由农民投资营造的公益林，国家除给予必要的管护补贴外，免征一切税费。④对林业基础设施建设实施税收优惠时应尽量采用加速折旧、投资抵免等间接优惠方式，以保证投资者较快收回资本和获得较高利润，减少投资风险。⑤对限制开发区域、禁止开发区域内的符合区域生态资源承载力的新型接续产业予以税收减免，以促进林业生态修复，形成良性循环。

与此同时，应赋予地方政府更多的政策权限。中央政府的税收政策支持是促进主体功能区经济发展的必要条件之一。但若政策权限过于集中在中央，很难将政策的统一性与因时、因事、因地制宜的灵活性紧密地结合起来，不可避免地淡化税收的调控作用。我国东部、中部、西部地区的经济发展水平差距很大，地区经济结构各有特色，而地方政府同各级微观主体之间有着更为直接的联系，掌握更充分的信息资源，使地方政府更容易利用信息比较优势解决利益集团在博弈僵局中的冲突和对抗问题，使其所制定的政策更容易导向预期的目标。为此，在主体功能区林业生态建设补偿过程中，应进一步加大中央向地方放权的力度，赋予地方政府更多的自主权，及时制定出更具有直接的现实性和针对性的、符合主体功能区林业生态产业特色的支持政策。例如，对限制开发的重点生态功能区内的森林资源综合利用项目，在给予税收优惠后仍有困难的，地方政府可以通过补贴政策给予支持，以引导各市场主体及其资本积极进入该领域；尤其是在近期国家没有出台特殊税收优惠政策的情况下，地方政府可考虑对增值税、所得税及其他税种给予适当的税收返还等，以推动地方经济的协调发展。

8.1.3　金融政策

适当的金融政策供给能够最大限度地动员内生性与外生性的金融资源，实现金融资源的有效与合理配置，促进资本在主体功能区内形成高积累、高效率、高回报的投融资循环流。为此，应拓展发挥金融政策的导向作用，满足主体功能区林业生态建设对资金的多样化、多层次的需求。具体而言，建议从以下方面着手：

（1）农业发展银行应加大对林业生态产业的信贷支持力度。对于林业部门推荐的项目，应按照贷款管理的有关规定，自主审查发放贷款。结合林业产权制度改革的开展，推动抵押担保制度创新，探索抵押品的不同替代形式。根据林业生态产业特点，创新金融服务产品，丰富金融服务手段，改进贷后管理措施，提高为林业生态产业服务的质量和效率。

（2）政策性银行与当地商业银行合作扶持地方特色的林业生态建设项目。可参照世界银行和亚洲开发银行对基础设施和能源开发方面的做法，向重点生态功能区提供技术援助资金，用于贷款项目的前期准备和论证，将政策性银行的政策导向前移，降低金融风险。

（3）分步推进创业板市场建设，完善风险投资机制，拓展中小森工企业融资渠道，积极探索和完善统一监管下的股份转让制度。我国利用股票进行上市融资的企业只有永安林业、景谷林业、吉林森工等几家，在股票这一金融工具的利用上，我国林业还处于相对滞后的地位。在我国金融市场尚无专门为林企和林农设计的金融产品，至于对金融衍生品的利用更是一片空白（刘洋，2014）。为此，可以建立区域性的创业板块市场，吸引全国的森工企业来此上市交易。市场体系建立健全后，将带来交易的繁荣和机构的增加，必将带来区域金融生态的良性循环，为林区经济发展注入动力。与此同时，可以在严格控制风险的基础上，鼓励符合条件的森工企业通过发行公司债券筹集资金，改变债券融资发展相对滞后的状况，丰富债券市场品种，促进资本市场协调发展。

（4）县域农业发展银行作为重要的政策性金融组织，应扩大其业务经营范围，逐步将其业务重心由目前的流通领域转向生产领域，从主要提供短期资金转向主要提供中长期农业开发资金，增加对林业基础设施和特色林业生态建设项目的扶持。

（5）完善、创新林业小额信贷管理体制。在审批制度上，适当下放基层行社信贷审批权限，减少审批环节，简化信贷手续，建立符合林业生态建设需求的授权授信机制；在定价机制上，实行贷款利率定价分级授权制度。

（6）推行林业生态能源效率融资合作项目贷款，即向包括能源效率、温室气体减排、森林资源的运用以及与环境保护相关的符合节能条件的中、小型林业生态建设能效项目提供信贷融资。这种新型贷款产品不仅能够拓展银行新的业务领域和利润增长点，而且也将成为银行业探索生态效益和社会效益、经济效益耦合的有益尝试。

（7）拓展专门面向林企和林农的金融产品。应结合林业生态建设的特点，加强金融产品创新。例如，针对林业生产作业时产生的副产品（如林间作物、森林附着物等）的金融价值予以开发，设计出相应的金融产品。

8.1.4 土地政策

土地政策是国家根据一定时期内的政治和经济任务，在土地资源开发、利用、治理、保护和管理方面规定的行动准则。它是处理土地关系中各种矛盾的重要调节手段。按照全国主体功能区规划，我国需要确保耕地数量和质量，严格控制工业用地增加，适度增加城市居住用地，逐步减少农村居住用地，合理控制交通用地增长；严格控制优化开发区域建设用地增量；相对适当扩大重点开发区域建设用地规模；严格控制农产品主产区建设用地规模，严禁改变重点生态功能区生态用地用途；严禁自然文化资源保护区土地的开发建设，妥善处理自然保护区内农牧地的产权关系，使之有利于引导自然保护区核心区、缓冲区人口逐步转移。除了上述总体政策要求之外，还应按照不同主体功能区的林业生态建设功能定位和发展方向，制定差别化的林地利用和林地管理政策，科学确定各类林业用地规模。具体可以包括以下方面：

1. 探讨、实施森林面积占补平衡政策

森林面积占补平衡政策要求对于工程建设等占用林地行为，不仅缴纳植被恢复费，还应实施政策追踪，在林地征占前明确植被恢复时间、面积和质量，确保被占用的林地在最短时间内实现"量"与"质"的双修复。为配合森林面积占补平衡政策的实施，需要根据现有的林地保护级别，探索建立林地地籍档案，推行林地质量评价定级制度，明确林地的经济效益、生态服务效益。与此同时，对林地用途应加以限制，禁止在生态敏感区、脆弱区内从事采矿、采砂、挖土活动，自然保护区的核心区、缓冲区内也不得占用林地。

2. 制定促进林地流转的政策

促进林地流转的政策设计应尊重流转模式选择的内部规律，为了提高当前集体林地流转的效率，改进管理绩效，可以从以下几个方面入手：①完善选举政策，按民主原则及时地选举村委会组成人员，保障村委会组织的完整性，使其能够在必要时以协商中间人、转包商、合作社推动者等角色介入林地流转；②完善和规范村委会成员的工作补贴政策，加强工作指导和监督，在形成激励的同时维系农村社会的信任关系；③加强对基层组织和林业合作社的资金支持，促进林地抵押贷款，有效激发本地需求和内部流转，防止林农长期失地、失权（张舟等，2014）。

3. 实行有林地总量动态平衡管理政策

有林地总量动态平衡管理就是确保现有有林地不再减少，并经努力使有林地的总量有所增长。具体而言，应包括以下方面：①每年有林地的减少与增加在总量上平衡，以保持有林地面积的相对稳定；②通过开发宜林后备荒地资源，使有林地面积随经济发展和人口增长而增长。林地保护既要重视数量保护，更要重视质量管理。从某种意义上说，质量管理比数量保护更应得到重视。林地质量管理主要包括：①对现有的有林地进行立地质量等级评定，对不同质量等级的林地立卡登记、分类归档、提出分类管理的技术措施；②对能够提高林地质量、林地肥力的林分结构类型进行模式化、标准化的总结，以利于推广；③对引起地力下降、恶化林地质量的林分类型提出调整和改造措施（孙长军，2013）。

8.1.5　产业政策

在主体功能区林业生态建设中，应注重修复和提升生态功能，加强对森林、草原、湿地等的保护，科学有序地开发、生产林业生态产品，结合所在区域优势，培育和发展特色林业生态产业，及时对产业结构政策进行调整，全面提高林地产出率。发达的林业产业体系应上连森林资源，下接市场。通过优化产业、产品结构，把有限的林木资源通过合理的加工和综合利用，最有效地转化为资金，再投入森林资源培育和林区生态建设，从而做到以林养林，走上生态产业化、产业生态化的森工产业良性发展之路。为此，在产业政策的设计中应充分体现、落实以下方面内容：

1. 对原有产业政策进行调整

应按照主体功能区规划，修订现行《产业结构调整指导目录》、《外商投资产业指导目录》和《中西部地区外商投资优势产业目录》，进一步明确不同主体功能区鼓励、限制和禁止的产业，对原以木材生产为主的产业政策需要逐步做相应的调整。另外，对于一些不适应主体功能区建设要求、不符合功能区发展方向的产业应建立市场退出机制，通过设备折旧补贴、设备贷款担保、迁移补贴和土地置换等手段，促进产业跨区域转移或关闭；结合各主体功能区的林业资源特点鼓励"林上生产、林下经营"的产业格局，发展符合各主体功能区经济发展的生态特色产业。

2. 鼓励发展养殖业

养殖业在很大限度上属于劳动密集型产业，适应林区职工多、素质相对较低的特点，可以吸收大量林业职工，提高他们的收入。在林业用地中生长、栖息着多种野生动物，大部分野生动物可以驯化圈养。目前，人工养鹿、熊、貂、貉、山鸡等已取得成功经验，这些野生动物提供的产品备受国际、国内消费者的青睐。根据黑龙江省海林林业局养殖梅花鹿的经验，养一只梅花鹿就可以解决一个职工的就业，而养鹿的年成本比养一只羊的成本仅多2 000元，年收入可达3万元以上，经济和社会效益非常可观。与此同时，对于森工企业充分利用林区内的牧草、种植业的秸秆等在现有养殖业基础上扩大养牛、养羊、养猪、养鸡、养鹅、养鸭等养殖业规模的，应在政策上予以倾斜，使其产品在满足本地区需要的同时，打入国内、国际市场。

3. 鼓励发展绿色食品产业

根据不同主体功能区的林业经济发展状况、资源特点和产业优势，结合正在实施的林业重点工程，应以市场为导向，规划和发展一批市场前景好、投资少、见效快、受益面广、对群众脱贫致富起示范带头作用的绿色食品；应组织制定"靠品牌取胜、靠规模取胜、靠特色取胜"的绿色食品发展战略，编制绿色食品发展总体规划，让绿色食品为林业职工造福；应建成以食用菌、林蛙、森林鸡、山野菜、奶牛、火鸡等为龙头的绿色食品产业基地，形成绿色食品高产值、高增长的局面。

4. 支持发展森林生态旅游业

在发展森林生态旅游业的过程中，政策的每一个细节的设计过程，都应考虑使林区贫困居民在建设过程、发展过程中受益，如使他们在保护旅游资源（森林、设施、建筑等）中受益，优先安排他们在景区参与接待工作，把他们的家庭纳入旅游项目开发的范畴（如品尝农家菜、采摘林产品），把他们的林副产品（根雕、木艺等木制品）与旅游纪念品开发相结合等。

8.2　制度保障

8.2.1　完善转移支付制度

在我国现行制度体系下，基于财政转移支付的生态补偿是最直接和行之有效的手段，因此应继续完善这种制度，使之更适合于主体功能区林业生态建设补偿的目标。

1. 适应主体功能区要求，加大均衡性转移支付力度

主体功能区的一个重要特征就是应实现区域协调发展，使东部、中部、西部区域间发展差距逐步缩小。而限制开发区域和禁止开发区域这两类区域为实现提供生态服务这一主体功能，不但要丧失一定的发展机会，还要为生态建设和保护承担额外的成本和相应的支出。这方面的投入往往是巨大的，会降低这两类区域基层政府实施公共管理、提供基本公共服务和落实各项民生政策的能力。为此，中央财政应加大对重点生态功能区，特别是中西部重点生态功能区的均衡性转移

支付力度。在均衡性转移支付标准的测算中，应将属于地方支出范围的生态建设与保护支出项目及自然保护区支出项目等考虑进去，明显提高转移支付系数。对禁止开发区域的转移支付系数定为 1，即对其标准收入与标准支出之间的缺口予以全额弥补；对限制开发区域的转移支付系数虽然低于 1，但应该大大高于中央对地方均衡性转移支付的平均增长率（刘晓光和朱晓东，2013a）。另外，应从均衡性转移支付的总额中安排一部分资金，对林业生态建设支出增长达到一定幅度或者占本级财政总支出达到一定比例的地方政府进行奖励，以有效调动地方政府林业生态建设补偿投入的积极性。

中央财政应继续完善激励约束机制，加大奖补力度，引导并帮助地方建立基层政府基本财力保障制度，增强限制开发区域基层政府实施公共管理、提供基本公共服务和落实各项民生政策的能力。中央财政在均衡性转移支付标准财政支出测算中，应当考虑属于地方支出责任范围的生态保护支出项目和自然保护区支出项目，并通过明显提高转移支付系数等方式，加大对重点生态功能区特别是中西部重点生态功能区的均衡性转移支付力度。省级财政应完善对省以下转移支付体制，建立省级生态环境补偿机制，加大对重点生态功能区的支持力度。建立、健全有利于切实保护生态环境的奖惩机制。

2. 降低税收返还的额度

中央政府的财政支出扣除中央本级支出外，主要是"税收返还"和"转移支付"两大块，这两部分都相应形成地方政府的财政收入，但却表达了中央政府的不同目的。税收返还是中央政府对地方经济发展的激励，而转移支付则是为了维持政府系统的正常运转或是对经济结构的调控（丁四保和王昱，2010）。

2014 年，中央对地方税收返还和转移支付共计 51 591.04 亿元，其中税收返还 5 081.55 亿元，占 9.85%；一般性转移支付 27 568.37 亿元，专项转移支付 18 941.12 亿元，两项共计 46 509.49 亿元，占 90.15%。地方支出平均 38%的资金来源于中央财政转移支付，东部地区更低，而中西部地区支出平均 54.1%的资金来源于中央财政转移支付。

在现行区域经济格局下，发达地区本身就有着相对充足的财政收入，对中央税收返还和转移支付的依赖程度较低，因此税收返还的激励作用是有限的，而其每年 5 000 多亿元的规模相对于不发达地区的重要性显然会更高。因此，可以适当压缩中央税收返还的规模，将其充实到转移支付中去，可以使生态补偿获得更多的资金支持。

3. 优化转移支付结构

在 2014 年政府间财政转移支付预算中，一般性转移支付中用于重点生态功能区转移支付的预算资金为 480 亿元，仅为中央对地方的转移支付和税收返还预算总额的 0.93%，不能很好地发挥一般性转移支付的均衡性作用。

为促进限制开发和禁止开发区域主体功能的形成，应在现有转移支付制度下设计可操作的政策措施，通过整合相关项目、提高补助系数及构建稳定的资金来源等办法来完善现行转移支付制度，弥补其因限制或禁止开发所造成的利益损失。按照限制开发和禁止开发区域的功能定位，今后财政政策的作用重点是加强生态保护和建设，实现基本公共服务均等化（高国力，2008）。

主体功能区林业生态建设补偿视角下，优化和规范财政转移支付结构的具体思路如下：一是增加一般性转移支付用于生态补偿的额度，充分发挥一般性转移支付均等化的作用，实现基层政权运转和地区间基本公共服务均等化；二是逐步减少专项转移支付的规模，在有限的专项转移支付中，增加用于生态补偿的补助，以支持林业生态建设和环境保护提高专项转移支付用于生态补偿的效率。

4. 逐步建立、健全纵横交错的转移支付制度

建立、健全纵向转移支付为主、横向转移支付为辅的纵横交错转移支付制度，既能发挥中央政府在生态补偿中的主导作用，又能弥补各级政府由于财力不足而产生的财政缺口，充分发挥不同主体功能区之间、林业企业上下游之间和不同产业之间的合力。对于生态损益关系不明确的区域，其利益补偿中的公共服务均等化与生态建设均应以纵向转移支付为主；对于生态损益关系相对明确的区域，其利益补偿中的公共服务均等化应以纵向转移支付为主，生态建设则以横向转移支付为主（高国力，2008）。纵向转移支付可以为主体功能区林业生态建设提供资金保障；通过横向转移支付，可以弥补中央财政暂时性的财力不足，发挥多元化市场融资的优势，共同促进重点生态功能区经济、社会和生态的协调发展。

8.2.2　建立、健全林业资源资产产权制度

产权制度是否有效率，主要是看其制度安排能否带来资源配置的高效率。在主体功能区林业生态建设补偿中，应对国土空间内的林业资源明确产权主体，明晰产权关系，使林业资源的占有、使用、收益、处置，做到权有其主、主有其利、利有其责。

1. 明晰国家所有的林业资源产权

中央政府对重点国有林区、生态功能重要湿地、珍稀野生动植物种和部分国

家公园直接行使所有权。重点国有林区的资源由国务院林业主管部门代表国家行使所有权、履行出资人职责，负责对林区内的山水林田湖等所有生态资源进行系统规划和综合治理，或经国务院批准，由国务院林业主管部门委托地方进行管理。对于国有林场、森林公园、湿地公园、沙漠公园，应建立由国家所有、省级政府行使所有权并承担主体责任、由地方政府分级管理的体制。

2. 强化集体林地经营权能

林地使用权是指使用人对国家或集体所有的林地依法享有的占有、使用、收益和一定情况下处分的权利。林地使用权的明晰是非公有制林业主体参与市场、有效经营的制度前提。健全集体所有、集体经济组织成员或农户行使承包权的集体林地产权体系，稳定承包权、放活经营权，依法赋予农民对承包林地占有、使用、收益、流转及经营权抵押、担保权能，对经营权实行依法有偿流转。此外，应充分发挥市场在森林资源配置中的基础性作用，吸收社会资金开发山林，通过公开招标、公平竞争，使森林资源向最能提高其综合利用的使用者手中集中，使其与资金、技术、信息和管理经验方面的优势相结合。同时，对没有落实经营主体的"增量土地"，其经营主体的落实应体现内外有别的原则，本集体组织成员和非本集体经济组织成员都可以获得使用权，但集体成员较非集体成员享有优先权，在同等交易条件下，集体成员享有优先取得使用权的资格。

3. 规范森林资源资产产权交易

为了实现森林资源的规模化经营，充分发挥市场配置资源的优势，森林资源产权场内交易呈逐年上升趋势，国有和集体森林资源是场内交易的主要对象，交易方式主要为拍卖。2012年以来，交易对象逐渐覆盖了江西、湖南、四川等十多个省、自治区，这对于优化配置森林资源、促进林业生产规模化经营、提高林业生产力起到了重要作用。但是，森林资源产权交易仍然存在一些亟须解决的问题，如场内交易活跃程度有待提高、交易半径有待扩大、区域发展很不平衡、对林农缺乏吸引力和适应性、无法保障交易双方的合法权益、未能达到制度设计者预期目标等。因此，需要加强产权交易平台的宣传，完善相关制度以增强适应性（乔永平，2014）。

为了增强市场对小规模林农的适应性，可以将场内交易模式细化为大、中、小三种规模，对中、小规模的交易采取简化程序、减少交易费用等制度。此外，作为市场交易平台，应充分发挥自身优势，加强对交易对象、交易主体等的审核，以降低交易风险，保障交易双方合法权益，进一步增强市场的吸引力，提高市场的交易活跃程度。此外，在现有的省—市（县）—乡镇三级森林资源产权交易平台体系的基础上，可以在森林资源丰富的边远地区建立信息采集点，林农只需就近将交易信息传递给信息采集点，交易平台及时方便地收集相关交易信息并给予反馈，从而大大方便林农，也可以降低林农的交易成本。

8.2.3　建立、健全主体功能区区域生态合作与协调制度

主体功能区林业生态建设补偿机制涉及许多部门利益，关系到全国生态功能和经济发展功能分区，需要综合协调。不同主体功能区的生态合作应以政府推动为主，从自发、松散走向自觉、紧密。主体功能区生态合作与协调制度的建立应主要围绕以下方面展开。

1. 推进主体功能区区域政策的衔接与协调

首先，应认真清理现行区域政策，对与主体功能区建设相冲突的区域政策进行调整、变革或者废止，为主体功能区政策体系的完善奠定坚实的基础，对有效的政策加以延续。其次，在《全国主体功能区规划》出台之后，各地区都应以之为参照，重新审视或制定经济社会中长期发展规划，其经济增长模式和产业发展的选择都必须与主体功能区的要求相符，不符合者应及时予以调整。再次，在主体功能区财税政策出台之后，应根据主体功能区政策优先的原则，对现行的区域财税政策加以取舍。然后，在建立主体功能区产业发展数据库的前提下，针对特定区域既有产业规模、资源环境剩余承载力等情况来落实产业政策。最后，我国环保政策的落实主要依托于省及省以下的环境监管机构。由于这些机构隶属于当地政府，在执行国家政策时，往往以地方利益为主要考量。为此建议以现有的环境监管体系为基础，建立中央垂直领导的环境监管体系，以排除地方保护主义对环保的干扰，减少短期行为对长远发展造成的影响（曹子坚等，2009）。

2. 建立跨区域合作、共享机制

一般而言，区域间相关利益主体进行合作有两个前提：一是合作各方的合作收益有增大的预期；二是保证合作产生的收益在成员之间得到有效合理分配。建立完善、合理的以利益分配和协调为核心的利益共享机制，有利于区域间的合作得以持续推进并发挥最大作用。

跨区域生态补偿利益共享应该使外部成本内部化，通过生态援助、资金和技术合作、转移支付等方式实现互利共赢的利益共享，使生态保护方和受益方在利益补偿问题上达成共识。在完善跨区利益共享机制的情况下，地方政府的种种考虑将会消除，合作动机、合作意识得以激发，这对区域政府间长期稳定的合作关

系更具有重要意义。公平合理的利益共享机制，在消除利益矛盾的同时，会加强主体功能区间的交流与合作，实现各地区优势互补、协调发展的局面，从而为区域产业结构优化，发展林业资源，提高区域整体效益奠定坚实的基础。

3. 建立跨区域信息资源的共享平台

生态合作是一个特殊的领域，特殊点在于生态损益有很多是无法量化的，但是这些不能量化的指标往往可以通过具体的数据表现出来。在不同主体功能区生态合作的过程中，应建立信息资源的共享平台，使衡量各合作方的收益能够变得有据可循。同时，平台也可以把各行政区的资源进行优化配置，使资源得到合理利用，减少了资源的浪费。因此，建立信息资源的共享平台为区际生态合作提供了统一的界面，减少了在合作中由于差异化产生的冲突和矛盾（金波，2012）。

8.2.4　建立、健全主体功能区绩效考核制度

绩效是指政府通过行使行政权力与发挥政府职能所取得的业绩与收到的成效。为了使主体功能区林业生态建设补偿机制能够有效运行，应建立、健全符合科学发展观并有利于推进形成主体功能区的绩效考核评价体系，应强化对各地区提供公共服务、加强社会管理、增强可持续发展能力等方面的评价，增加开发强度、耕地保有量、环境质量、社会保障覆盖面等评价指标。具体建议从以下方面着手：

1. 确定多元化的绩效考核标准

中央政府应引导和强化各地方政府树立正确的绩效考核观念，应按照不同区域的主体功能定位，实行各有侧重的绩效考核评价办法：对于优化开发区域，应实行转变经济发展方式优先的绩效评价，强化对经济结构、资源消耗、环境保护、自主创新及外来人口公共服务覆盖面等指标的评价，弱化对经济增长速度、招商引资、出口等指标的评价；对于重点开发区域，应实行工业化城镇化水平优先的绩效评价，综合评价经济增长、吸纳人口、质量效益、产业结构、资源消耗、环境保护及外来人口公共服务覆盖面等内容，弱化对投资增长速度等指标的评价，对中西部地区的重点开发区域，还要弱化吸引外资、出口等指标的评价；对于限制开发的重点生态功能区，应实行生态保护优先的绩效评价，强化对提供生态产品能力的评价，弱化对工业化城镇化相关经济指标的评价，主要考核大气和水体质量、水土流失和荒漠化治理率、森林覆盖率、森林蓄积量、草原植被覆盖度、

草畜平衡和生物多样性等指标，不考核地区生产总值、投资、工业、农产品生产、财政收入和城镇化率等指标；对于禁止开发区域，应按照保护对象确定评价内容，强化考核依法管理的情况、污染物"零排放"情况、保护对象完好程度及保护目标实现情况等内容，不考核旅游收入等经济指标。

2. 将存量指标与增量指标相结合

在主体功能区林业生态建设中，应综合考核存量指标和增量指标，并根据生态功能区所处区位的不同做相应调整。以森林覆盖率为例，林业建设涉及当地气候、地质因素，对于多山、多沙、多灾的内陆干旱地区，林业建设的基础和难度异于沿海地区，生态服务验收指标制定的标准也应相对降低；对于森林毁坏严重的地区，适宜使用增量指标，森林覆盖已接近饱和的地区，则应通过存量指标进行考核（高新才和王云峰，2010）。与此同时，应强化省级政府林业有害生物防治、防沙治沙目标责任考核。探索建立将森林资源消耗、林业生态破坏、森林生态效益纳入经济社会发展的考核评价体系，增加生态相关指标权重。

3. 强化考核结果的运用

应加强部门协调，把有利于推进主体功能区建设的绩效考核评价有机结合起来，根据各地区不同的主体功能定位，把主体功能区主要目标的完成情况纳入对地方党政领导班子和领导干部的综合考核评价结果，作为地方党政领导班子调整和领导干部选拔任用、培训教育、奖励惩戒的重要依据。根据考核结果合理分配重点生态功能区中央财政转移支付资金，加强对考核结果的应用，加大对生态环境"脆弱"县域的转移支付力度，对生态环境质量"变好"的县域给予适当奖励，对生态环境质量"变差"的县域给予适当扣减。同时，进一步加强和规范转移支付资金的使用，保证生态建设和环境保护的资金投入（陈作成，2015）。

8.2.5　健全主体功能区林业生态建设补偿资金监管制度

主体功能区林业生态建设补偿监管的最终目的是提高补偿资金的利用效率。为此，应建立规范化、科学化、程序化的林业生态建设补偿资金监管制度，具体建议从以下方面入手：

1. 建立、健全主体功能区林业生态建设补偿监督管理机构

各级政府部门应组织建立有权威性的，并能代表国家行使监督权的监督管理

机构，监督资源保护行政执法和生态建设的行为，如补偿制度的执行情况、补偿费的发放及使用情况等都需要监督机构的监督；建立资源保护效益与损失监测机构，加强对生态环境的监测工作，分类别建立动态数据管理系统，监测生态环境的资源消长、劳动投入和效益发挥情况，为科学化管理、准确评估、合理确定补偿标准和额度提供可靠依据。国土资源、水利、林业、农业、畜牧、环境保护、发展和改革委员会、财政等部门也应加强协作，达成共识，形成强有力的监督力量（陈作成，2015）。

为了确保主体功能区林业生态补偿资金的有效管理和使用效果，应建立和强化资金稽查机构，建立林业资金巡回稽查和专项稽查制度。国家林业局资金稽查机构除对林业资金进行定期全面稽查和不定期稽查外，还应根据群众反映和举报的问题，对有关地区和单位进行专项稽查，对查出的问题，应进行严肃处理，并追究有关单位和责任人的责任。

2. 明确主体功能区林业生态建设补偿资金的监管重点

对主体功能区林业生态建设补偿各项资金监督检查的重点主要应包括以下内容：①审查和评价补偿地区的阶段性建设和保护方案及可行性研究报告，综合分析论证补偿地区的生态补偿的技术可行性、经济合理性和资金配套等。重点生态功能区各级生态补偿主管部门围绕环境保护和建设发展战略，应在本辖区制定的环境阶段性保护和建设方案及总体规划基础上，做好信息储备工作，建立生态补偿资金信息管理系统和数据库（陈作成，2015）。②工程项目的前期准备情况，如项目的立项是否科学，是否按基本建设程序进行审批，有无违反基本建设程序、擅自调整项目计划、擅自改变项目建设内容、提高建设标准、突破项目概算等问题。③各项配套资金是否及时、足额落实，资金来源是否合理。④资金是否及时、足额拨付到位，有无截留、滞留、违规抵扣资金的问题。⑤专项资金是否专户存储、专款专用、单独建账核算，有无挪用、挤占、串用、置换资金等问题。⑥资金使用单位和项目建设单位是否严格执行有关制度法规，是否按规定开支，有无不合理支出的问题。⑦资金使用效益如何，有无因管理不善或失职而造成资金损失、浪费的现象。⑧各有关部门和单位生态补偿资金管理和会计核算工作情况，如有无财会机构不健全、资金管理混乱、会计核算不规范、转移资金、账外设账、私设"小金库"等问题。

3. 对主体功能区林业生态建设补偿资金实行全过程监督、控制

在管理主体功能区林业生态建设补偿资金、控制资金使用时，应从全过程着手：

一是资金管理应做到事前控制。主要是指通过制定资金管理办法，制定单位

内部控制制度，通过编制预算，加强对各种使用资金的行为和项目的前期管理，根据工作量大小、时间长短、定额标准等依据，编制合法、合理的预算，并通过下达正式预算的方式，起到控制资金使用的作用（刘晓光，2004）。

二是资金管理应做到计划控制。这主要是为了适应目前我国基本建设管理体制和管理制度的要求。另外，资金管理的计划控制还包括资金使用的时间要求，即资金的用款计划。基本建设投资一般数额都比较大，要求按工程进度拨款，所以要做好资金的及时调拨；同时，又不能让资金闲置，要提高资金的综合效益。

三是资金管理应做到风险控制。即根据各建设项目的特点，进行详细的风险评价，集中监视已识别出的风险，深入查找尚未显露的新风险，加以严格的监控，采取减轻策略、预防策略、接受策略及后备措施等进行有效的风险管理。

四是资金管理应做到事中审核。主要是指在具体使用资金的过程中，对发生的每笔经济业务的合规性、合理性进行审核，对经济业务的数量、价格、金额等进行审核，对经济业务的审批手续、经办手续和验收手续等进行审核。

五是资金管理应做到事后检查。主要是指在经济业务发生后，通过内部稽核、内部审计以及财政部门、审计部门、上级主管部门等进行检查监督，确保资金使用的合规、合法和真实、完整。

4. 加大对主体功能区林业生态建设补偿资金监督检查的执行力度

第一，应充分发挥国家审计署政府审计的作用，对主体功能区林业生态建设补偿资金实行不定期审计。国家审计署行使政府审计职能，具有无可置疑的权威性和很高的专业水平，而且具有执法权，可以对审计查出的问题下达审计决定书，责令被审计单位限期整改，具有强制性。

第二，林业系统的计划、财务及资金稽查部门，应认真研究基层林业建设单位资金使用的特点和容易出问题的地方，对各省（自治区、直辖市）和项目实施单位进行轮回式检查，发现问题及时纠正，特别要注意查实违纪的原因和动机，区分是制度定得不合理、脱离基层实际还是基层领导主观存在违纪的动机，对属于制度原因造成的违纪应尽快修改、补充、完善；属于主观违纪的应从严查处（刘晓光，2004）。

第三，充分发挥社会的力量。在聘请社会中介机构进行监督检查时，应该聘请专业力量强、信誉好、知名度高的中介机构，同时应对检查人员进行政策法规及林业专业知识的培训，使其对林业的特点及政策有所了解，避免在检查中对政策的把握产生偏差。林业生态建设补偿关系到实施区基层林业职工的切身利益，因此，应充分调动林区广大干部职工参与主体功能区林业生态建设补偿资金使用监督检查的积极性，可以在项目实施区就补偿资金的来源及投向、相关政策规定向林区广大干部和职工进行宣传和公布，在此基础上，设立林业生态补偿资金使用违规、违纪举报箱，以最大限度地减少直至杜绝林业生态补偿资金中的违法、违纪现象。

8.3　法律保障

广义的法律泛指一切规范性文件。我国的法律体系主要包括法律、法律解释、行政法规、地方性法规、自治条例和单行条例及规章等。完备的法律体系不仅对主体功能区林业生态建设补偿起到明示作用，还能够起到积极的预防和校正作用。2014 年 4 月 24 日，第十二届全国人民代表大会常务委员会第八次会议修订通过了《中华人民共和国环境保护法》，自 2015 年 1 月 1 日起施行。面对改善环境的新形势、新要求，新环境保护法强化了环境保护的战略地位，在强调政府监督管理责任、保障环保信息公开和公众参与、建立健全环境监测制度、突出重点污染物排放总量控制制度、完善跨行政区污染、联防制度等方面对原有环保法进行了较为全面的修订，而且明确提出了生态保护补偿制度（赵鑫鑫和曹明德，2015）。国家林业局也相继颁布实施了《中华人民共和国植物新品种保护名录（第五批）》《国家林业局委托实施野生动植物行政许可事项管理办法》《陆生野生动物疫源疫病监测防控管理办法》《湿地保护管理规定》《集体林权制度改革档案管理办法》《野生动植物进出口证书管理办法》等部门规章。2014 年，全国共发生林业行政案件 23.25 万起，比 2013 年下降 13.57%。全国森林公安机关共立案侦查破坏森林和野生动物资源刑事案件 3.13 万起，同比增长 17.23%。共打击处理违法犯罪人员 3.15 万人，收缴林木树木和木材 61.52 万立方米、野生动物 7.06 万头（只），涉案价值 23.9 亿元。2014 年，国家林业局共办理林业行政许可事项 18.93 万件，行政复议案件 11 件；取消和下放国家林业局实施的行政审批事项 8 项。

尽管在法制建设方面取得了很大成效，但总体而言，现有的法律、法规只是对补偿主体、补偿方式和范围等做出了原则性规定，比较抽象，可操作性较差。主体功能区林业生态建设补偿涉及复杂的利益关系调整，为此建议采取如下措施加以完善：

第一，推进《森林法》、《野生动物保护法》、《种子法》和《湿地保护条例》等法律法规的修改和制定，加快推进环境保护税立法。

第二，全面清理、修改国家综合法律条款中不适应加速林业生态建设发展的部分，以巩固生态补偿的成效。在完善林业综合立法的基础上，强化林业专项立法，应尽快制定天然林保护、退耕还林、湿地保护、国有森林资源经营管理、森林林木和林地使用权流转、林业建设资金使用管理、林业工程质量监管、森林资源资产评估、林业重点工程建设等方面的专项法规，尽快建立现有法律的配套法规体系，并根据新情况对现有法律法规进行修订，以确保林业各方面的工作都有法可依。

第三，制定破坏林地和森林、湿地、物种、沙区植被等责任追究细则，制定生态损害责任追究标准和管理办法，加大生态环境损害赔偿和生态破坏处罚力度。

第四，加大现有林业法律法规的执法力度，严格森林和野生动植物资源保护和管理，打击乱砍滥伐林木、乱垦滥占林地、乱捕滥猎野生动物、乱采滥挖野生植物等违法犯罪行为。各级林业主管部门应建立、健全执法责任制度，通过层层分解执法责任，明确执法权限和执法程序，做到责任到人，执法到位。与此同时，应实行错案追究和赔偿责任制度，对不负责任造成有法不依、执法不严的，应追究执法人员的责任；对违法办案造成侵犯当事人合法权益的，要依法承担赔偿责任和其他法律责任。

第五，尽快出台《林业生态建设补偿条例》，作为对《森林法》以及《中央财政林业生态建设补偿基金管理办法》的有益补充，对林业生态建设补偿的领域、补偿主体、标准、资金等问题进行规范；完善林业投资以及财政转移支付方面的法律、法规，明确中央政府和地方政府对林业生态建设补偿的权责划分、具体额度或比例。

第六，分阶段颁布相关条例和实施细则，引导现有的补偿政策向体现主体功能区战略要求的方向靠拢。在此基础上，可授权行政法规和地方性法规将这些基础性规定予以具体化和地方化。

此外，各省应根据具体情况，针对本省主体功能区林业生态建设中面临的突出环境问题，及时修订原有的法规，并因地制宜，加快制定新的地方性法规，在对某种生态环境要素进行保护执法时，注重该法规规章对其他生态环境要素的相关影响，使地方立法既与当地的经济、社会和环境建设同步发展，又具有较强的针对性、适用性和可操作性。

参 考 文 献

白燕. 2010. 主体功能区建设与财政生态补偿研究. 环境科学与管理, 35（1）：155-157.

财政部，国家林业局. 2012. 关于印发《天然林资源保护工程财政专项资金管理办法》的通知. 中华人民共和国国务院公报.

蔡邦成，温林泉，陆根法. 2005. 生态补偿机制建立的理论思考. 生态经济, 1：47-50.

蔡剑辉. 2003. 论森林生态服务的经济补偿. 林业经济, 6：43-45.

蔡艳芝，刘洁. 2009. 国际森林生态补偿制度创新的比较与借鉴. 西北农林科技大学学报（社会科学版）, 9（4）：35-40.

曹子坚，贾云鹏，张伟齐. 2009. 行政区经济约束下的主体功能区建设研究. 华东经济管理, 10：37-41.

常亮，徐大伟，侯铁珊，等. 2013. 跨区域流域生态补偿府际间协调机制研究. 科技与管理, 1：92-97.

陈成，张丽君. 2012. 英国区域空间战略及对我国的启示. 国土资源情报, 1：20-24.

陈辞. 2009. 生态补偿的财政政策研究——一个主体功能区的视角. 全国商情（经济理论研究）, 6：8-9.

陈红，韩哲英. 2003. 论森林生态效益补偿资金的筹集. 林业财务与会计, 8：7-8.

陈建华，王国恩. 2006. 区域协调发展的政策途径. 城市规划, 12：15-19.

陈静，张虹鸥，吴旗韬. 2011. 广东省主体功能区的生态补偿模式研究——以清远市为例//中国地理学会. 2011年学术年会暨中国科学院新疆生态与地理研究所建所五十年庆典论文摘要集.

陈立. 2014. 罗尔斯顿自然价值论对我国生态环境建设的借鉴与启示. 闽江学院学报, 1：40-48.

陈晓倩. 2002. 林业可持续发展中的资金运行机制. 北京：中国林业出版社.

陈晓倩，陈建成. 2002. 生态林业市场化筹资方式的思考. 林业经济问题, 22（1）：19-21.

陈义平，黄方. 2014. 政府的权力作用方式变革与社会治理能力提升. 山西农业大学学报（社会科学版）, 13（6）：541-546.

陈振明. 2006. 公共经济管理的理论基础——何谓公共部门经济学. 中国工商管理研究, 8：69-72.

陈作成. 2015. 新疆重点生态功能区生态补偿经济效应研究. 西南民族大学学报（人文社会科学版）, 12：163-167.

程琳琳，胡振琪，宋蕾. 2007. 我国矿产资源开发的生态补偿机制与政策. 中国矿业, 4：11-13, 18.

崔金星，石江水. 2008. 西部生态补偿理论解释与法律机制构造研究. 西南科技大学学报（哲学社会科学版）, 6（25）：8-16.

代明，刘燕妮，江思莹. 2013. 主体功能区划下的生态补偿标准——基于机会成本和佛冈样域的研究. 中国人口·资源与环境, 23（2）：18-22.

戴朝霞，黄政. 2008. 关于生态补偿理论的探讨. 湖南工业大学学报（社会科学版）, 4：89-91.

戴广翠，闫春丽，缪光平，等. 2008. 关于完善森林生态效益补偿政策的几点建议. 林业经济,

（12）：224.

丁辉明.2015. 广东省主体功能区林地保护利用的探讨. 内蒙古林业调查设计，38（6）：4-9.

丁敏.2007. 哥斯达黎加的森林生态补偿制度. 世界环境，6：66-69.

丁四保，王昱.2010. 区域生态补偿的基础理论与实践问题研究. 北京：科学出版社.

丁四保，王昱，卢艳丽，等.2012. 主体功能区划与区域生态补偿问题研究. 北京：科学出版社.

董培田，温光华，李树林.2015. 黑龙江省地方国有森林资源产权制度改革对策研究. 林业勘查设计，2：70-74.

董小君.2009. 主体功能区建设的"公平"缺失与生态补偿机制. 国家行政学院学报，1：38-41.

杜振华，焦玉良.2004. 建立横向转移支付制度实现生态补偿. 宏观经济研究，9：51-54.

段靖，严岩，王丹寅，等.2010. 流域生态补偿标准中成本核算的原理分析与方法改进. 生态学报，1：221-227.

段跃芳.2010. 基于生态安全的三峡水库管理创新研究. 重庆三峡学院学报，26（1）：1-6.

范俊玉.2010. 政治学视阈中的生态环境治理研究——以昆山为个案. 苏州大学博士学位论文.

方斌，王雪禅，魏巧巧.2013. 以土地利用为视角的农田生态补偿理论框架构建. 东北农业大学学报，44（2）：98-104.

费世民，彭镇华，杨冬生，等.2004. 关于森林生态效益补偿问题的探讨. 林业科学，40（4）：171-179.

封静.2013. 浅析财税政策在促进创新成果转化中的作用. 东方企业文化，13：230-231.

高国力.2006. 美国区域和城市规划及管理的做法和对我国开展主体功能区划的启示. 中国发展观察，11：52-54.

高国力.2008. 再论我国限制开发和禁止开发区域的利益补偿. 今日中国论坛，6：24-27.

高培勇.2012. 公共经济学（第三版）. 北京：中国人民大学出版社.

高新才，王云峰.2010. 主体功能区补偿机制市场化：生态服务交易视角. 经济问题探索，6：72-76.

葛颜祥，吴菲菲，王蓓蓓，等.2007. 流域生态补偿：政府补偿与市场补偿比较与选择. 山东农业大学学报（社会科学版），4：48-53，125.

龚进宏，熊康宁，李馨，等.2011. 基于主体功能区划的黔东南州生态补偿机制研究. 贵州师范大学学报（自然科学版），29（1）：14-17.

龚新蜀，陈作成.2013. 新疆生态补偿优先序及对策建议. 环境保护，9：66-67.

顾杰，张述怡.2015. 我国地方政府的第五大职能——生态职能. 中国行政管理，10：43-46.

郭恒.2014. 基于主体功能区的区域公共管理困境及新路径探索. 企业导报，21：17-25.

郭恒，周鸿.2014. 政府合作整体性治理模式探究——以广西北部湾经济区为例. 领导科学论坛，23：7-9.

郭恒，周鸿.2015. 主体功能区建设背景下的区域政府合作整体性治理的路径探析. 法制与社会，14：161-162.

郭梅，许振成，夏斌，等.2013. 跨省流域生态补偿机制的创新——基于区域治理的视角. 生态与农村环境学报，29（4）：541-544.

郭庆旺，赵志耘.2002. 财政学. 北京：中国人民大学出版社.

郭庆旺，赵志耘.2003. 财政理论与政策. 北京：经济科学出版社.

郭钰，郭俊.2013. 主体功能区建设中的利益冲突与区域合作. 人民论坛，35：56-58.

国家发展和改革委员会.2015. 全国主体功能区规划. 北京：人民出版社.

国家林业局. 2011. 林业发展"十二五"规划.

国家林业局. 2015. 中国农业发展报告. 北京：中国林业出版社.

国家林业局. 2016. 林业发展"十三五"规划.

国务院. 2003. 国务院关于印发中国 21 世纪初可持续发展行动纲要的通知. 中华人民共和国国务院公报.

国务院. 2015. 中华人民共和国国民经济和社会发展第十三个五年（2016—2020 年）规划纲要.

哈斯巴根. 2012. 区域主体功能区分类评析模型及其应用研究. 经济论坛，12：10-13.

哈斯巴根，李同昇，周朝，等. 2011. 基于空间功能的区域整体发展综合评价. 经济地理，3：360-365.

哈斯巴根，王世文，王珊. 2014. 主体功能区脆弱性演变及其优化调控. 北京：经济管理出版社.

韩德军，刘建忠，赵春艳. 2011. 基于主体功能区规划的生态补偿关键问题探讨——一个博弈论视角. 林业经济，7：54-57.

韩洪云，喻永红. 2014. 退耕还林生态补偿研究——成本基础、接受意愿抑或生态价值标准. 农业经济问题，4：64-72，112.

韩青. 2010. 区域经济背景下的空间规划发展趋势分析. 中国城市经济，6：219-220.

韩青，顾朝林，袁晓辉. 2011. 城市总体规划与主体功能区规划管制空间研究. 城市规划，10：44-50.

贺忠厚. 2000. 公共财政学. 西安：陕西人民出版社.

红英. 2014. 浅议发达国家林业的主要政策. 内蒙古林业调查设计，37（3）：114-116.

胡小华，邹新. 2009. 建立江河源头生态补偿机制的环境经济学解释与政策启示. 江西科学，5：742-744.

胡仪元. 2009. 生态补偿理论基础新探——劳动价值论的视角. 开发研究，4：42-45.

黄立洪，柯庆明，林文雄. 2005. 生态补偿机制的理论分析. 中国农业科技导报，7（3）：7-9.

黄立洪，陈婷，林文雄. 2010. 海峡西岸经济区建设过程中生态补偿类型细分与方案设计. 中国农学通报，7：252-256.

黄彦. 2011. 我国森林资源与四大经济区域经济发展关系分析. 中国科技信息，19：44-46.

黄英，张才琴. 2005. 浅析完善中国森林生态效益补偿制度. 绿色中国，12：29-32.

贾康，马衍伟. 2008. 推动我国主体功能区协调发展的财税政策研究. 财政研究，1：7-17.

贾若祥. 2007. 建立限制开发区域的利益补偿机制. 中国发展观察，（10）：18-21.

贾治邦. 2011. 推进现代林业科学发展. 中国产业，7：2-3.

贾卓，陈兴鹏，善孝玺. 2012. 草地生态系统生态补偿标准和优先度研究——以甘肃省玛曲县为例. 资源科学，10：1951-1958.

江兴. 2008. 建立生态补偿机制　促进生态文明发展——对陕南汉、丹江流域生态建设与环境保护的调查与思考. 理论导刊，2：84-86.

蒋银莉. 2015. 论林业可持续发展和森林资源保护与管理的法律问题. 农业与技术，35（7）：90-91.

金波. 2012. 区域生态补偿机制研究. 北京：中央编译出版社.

柯水发，赵铁珍. 2011. 美国森林健康及林产品产出与生态服务. 世界林业研究，24（3）：59-64.

柯昀含. 2011. 英国的生态文明对湖北省环境友好型社会建设的启示. 绿色科技，5：33-34.

孔凡斌. 2003. 试论森林生态补偿制度的政策理论、对象和实现途径. 西北林学院学报，18（2）：

101-104，115.

孔凡斌. 2007. 完善我国生态补偿机制：理论、实践与研究展望. 农业经济问题，10：50-53，111.

孔凡斌. 2010. 中国生态补偿机制理论、实践与政策设计. 北京：中国环境科学出版社.

孔凡斌. 2012. 基于主体功能区划的我国区域生态补偿机制研究. 鄱阳湖学刊，5：11-20.

孔凡斌，陈建成. 2009. 完善我国重点公益林生态补偿政策研究. 北京林业大学学报（社会科学版），4：32-39.

孔云峰. 2005. 生态文明建设初探. 重庆行政：公共论坛，4：85-87.

黎宏华. 2012. 江西省区域经济差异实证研究. 经济研究导刊，31：107-109.

李春波，支玲. 2013. 我国区域林业科技水平差异实证研究. 林业经济，4：98-103.

李国平，张文彬. 2014. 退耕还林生态补偿契约设计及效率问题研究. 资源科学，8：1670-1678.

李国平，石涵予. 2015. 退耕还林生态补偿标准、农户行为选择及损益. 中国人口·资源与环境，5：152-161.

李国平，张文彬，李潇. 2014. 国家重点生态功能区生态补偿契约设计与分析. 经济管理，8：31-40.

李皓，申倩倩. 2015-08-27. 哥斯达黎加：生态补偿如何做到可持续？人民政协报，第5版.

李军龙，滕剑仑. 2013. 生态文明视角下闽江源流域生态补偿机制研究. 洛阳师范学院学报，1：125-128.

李璐，刘晓光. 2015. 森林生态效益补偿中中央政府与地方政府的博弈分析与对策建议. 东北林业大学学报，43（5）：150-153.

李炜. 2013. 大小兴安岭生态功能区建设生态补偿机制研究. 北京：中国林业出版社.

李文国，魏玉芝. 2008. 生态补偿机制的经济学理论基础及中国的研究现状. 渤海大学学报（哲学社会科学版），3：114-118.

李文华. 2007. 森林生态补偿机制若干重点问题研究. 中国人口·资源与环境，2：13-18.

李潇，李国平. 2015. 信息不对称下的生态补偿标准研究——以禁限开发区为例. 干旱区资源与环境，5：12-17.

李小燕，胡仪元. 2012. 水源地生态补偿标准研究现状与指标体系设计——以汉江流域为例. 生态经济，11：154-157.

李晓明. 2004. 政府资金倾情生态建设. 中国投资，2：59-61.

李新平，朱金兆. 2005. 山西省林业生态工程构建技术. 北京：中国林业出版社.

李雪红. 2013. 基于城市移民和社会融合的美国志愿文化历史与现状. 青年探索，3：49-53.

李扬裕. 2004. 浅谈森林生态效益补偿及实施步骤. 林业经济问题，6：369-371.

李英，曹玉昆. 2006. 居民对城市森林生态效益经济补偿支付意愿实证分析. 北京林业大学学报，28（2）：155-158.

李周. 2002. 环境与生态经济学研究的进展. 浙江社会科学，1：27-44.

梁丹. 2008. 全球视角下的森林生态补偿理论和实践——国际经验与发展趋势. 林业经济，12：7-15.

梁红梅，吕圳昌. 2012. 基于三江源区生态补偿的财政思考. 青海社会科学，6：103-107.

廖海燕. 2014. 关于林业重点工程资金监督管理有关问题以及相关对策分析. 会计师，20：60-61.

刘春腊，刘卫东，陆大道. 2013. 1987—2012年中国生态补偿研究进展及趋势. 地理科学进展，32（12）：1780-1792.

刘国成，刘晓光. 2004. 林业与公共财政. 哈尔滨：东北林业大学出版社刘慧，樊杰，李杨.2013."美国2050"空间战略规划及启示.地理研究，22（1）：90-98.

刘晶，葛颜祥.2011.我国水源地生态补偿模式的实践与市场机制的构建及政策建议.农业现代化研究，5：596-600.

刘晶，马丹丹.2011.京津冀都市圈经济增长动力的实证分析.中国城市经济，21：23.

刘克勇.2012.加强财政资金管理 支持林业生态建设.绿色财会，12：23-30.

刘磊.2012.依法治林加快林业发展.民营科技，6：128.

刘灵芝，刘冬古，郭媛媛.2011.森林生态补偿方式运行实践探讨.林业经济问题，4：310-313.

刘玲玲，冯健身.1999.中国公共财政.北京：经济科学出版社.

刘鸣镝.2003.森林资源资产会计假设.林业财务与会计，5：5-7.

刘强，彭晓春，周丽璇.2010.巴西生态补偿财政转移支付实践及启示.地方财政研究，8：76-79.

刘通.2008.受益主体不明确的禁止开发区域利益补偿研究.宏观经济研究，5：58-64.

刘晓光.2004.公共财政体制下的林业投入保障研究.哈尔滨：东北林业大学出版社.

刘晓光.2010.振兴东北森林工业基地的政策需求与供给.哈尔滨：东北林业大学出版社.

刘晓光，王小洁.2011.农村基础设施建设投资中地方政府与农民的博弈分析.学术交流，3：133-136.

刘晓光，刘环玉，施捷.2012.哈大齐工业走廊税收政策执行效果分析.财会月刊，3：36-37.

刘晓光，朱晓东.2013a.论财政政策与林业生态建设——基于主体功能区的视角.生态经济，12：68-72.

刘晓光，朱晓东.2013b.黑龙江省限制开发区域林业生态建设补偿机制探析.生态经济，3：189-193.

刘洋.2014.对于我国林业金融体系建设的思考.科技视界，1：376-377.

刘以，吴盼盼.2011.国外林业生态补偿研究综述.劳动保障世界（理论版），8：60-62.

刘宇轩.2015.浅论公共政策执行过程中目标群体的政策遵从.扬州职业大学学报，19（3）：20-23.

刘雨林.2008.关于西藏主体功能区建设中的生态补偿制度的博弈分析.干旱区资源与环境，1：7-15.

柳开明，周晓红，谢异平.2004.深化林业税费体制改革 促进林业全面协调发展.林业财务与会计，8：12-14.

柳长顺，刘卓.2009.国内外生态补偿机制建设现状及其借鉴与启示.水利发展研究，9（6）：1-4.

卢洪友，杜亦譞，祁毓.2014.生态补偿的财政政策研究.环境保护，5：23-26.

卢艳丽，丁四保，王荣成，等.2010.生态脆弱地区的区域外部性及其可持续发展.中国人口·资源与环境，7：68-73.

陆畅.2012.我国生态文明建设中的政府职能与责任研究.东北师范大学博士学位论文.

陆畅，赵连章.2011.论我国政府生态职能的重构.学社会主义，5：84-87.

陆远如，刘志杰.2012.生态补偿与区域经济协同发展研究.学术研究，12：74-78.

罗海平，凌丹.2013.完善我国主体功能区战略政策配套措施.特区经济，10：19-20.

吕恒立.2002.试论公共产品的私人供给.天津师范大学学报（社会科学版），3：1-6.

马丹丹，刘晶.2011.跨国厂商在中国的空间分布及政策研究.中国城市经济，21：105.

马凯.2011.推进主体功能区建设科学开发我们的家园.行政管理改革，3：4-15.

毛德华，胡光伟，刘慧杰，等.2014.基于能值分析的洞庭湖区退田还湖生态补偿标准.应用生态学报，2：525-532.

孟召宜，朱传耿，渠爱雪，等.2008. 我国主体功能区生态补偿思路研究. 中国人口·资源与环境，18（2）：139-143.

穆琳.2013. 我国主体功能区生态补偿机制创新研究. 财经问题研究，7：103-108.

聂华.1994. 试论森林生态功能的价值决定. 林业经济，4：48-52.

聂强.2006a. 退耕还林前期阶段的合作生产博弈. 商业研究，20：30-34.

聂强.2006b. 退耕还林后期阶段的合作生产博弈. 中国农业大学学报（社会科学版），（2）：119-123.

聂强.2007. 论建立生态财政学的构想. 西安电子科技大学学报（社会科学版），6：45-50.

诺斯 D，托马斯 R.2014. 西方世界的兴起. 厉以平，蔡磊译. 北京：华夏出版社.

彭高旺，李里.2006. 我国税收负担：现状与优化. 中央财经大学学报，2：11-14.

彭衡湘.2015. 浅议现代企业税务管理. 会计师，11：20-21.

庇古 A C.2009. 福利经济学（引进版）. 何玉长，丁晓钦译. 上海：上海财经大学出版社.

漆亮亮.1999. 美国的生态税收政策及其启示. 税务研究，2：58-59.

亓坤.2011. 生态补偿看巴西. 新理财（政府理财），6：62-63.

齐殿斌.2010. 新时期林业的历史使命——国家林业局局长贾治邦访谈录. 决策与信息，5：27-29.

乔永平.2014. 森林资源产权场内交易分析——基于南方林业产权交易所的数据. 江苏农业科学，42（9）：430-432.

任世丹.2013. 区域生态补偿关系模型及制度框架. 安徽农业科学，41（16）：7281-7284.

邵权熙.2008. 当代中国林业耦合论初探. 北京：中国环境科学出版社.

沈国舫.2007. 中国的生态建设工程：概念、范畴和成就. 林业经济，11：3-5.

沈国舫.2014. 关于"生态保护和建设"的概念探讨. 林业经济，3：3-5.

盛巧玲.2012. 我国财政资金使用监管机制存在的问题及治理对策. 学术交流，9：121-124.

施晓亮.2008. 基于主体功能区划的生态补偿机制研究——以宁波象山港区域为例. 世界经济情况，4：80-85.

宋官东，吴访非，李雪.2010. 公共产品市场化的可能与条件. 社会科学辑刊，6：53-56.

宋立根，赵海宏，司瑞安.2011. 财政专项资金监管现状与对策. 财政监督，31：36-38.

宋伟.2012. 浅谈科学技术与可持续发展. 时代报告月刊，10：373.

宋宇文，刘旺洪.2016. 国家治理现代化进程中政府职能转移的本质、方式与路径. 学术研究，2：75-81.

苏宗海.2004. 国外林业财政政策分析. 林业经济，12：45-48.

孙海芬.2012. 浅议如何加强财政资金监管. 中国管理信息化，17：37-39.

孙加秀.2007. 试析环境优先战略对现行生态补偿机制的考量. 农业环境与发展，3：24-26.

孙长军.2013. 辽宁省林地保护利用规划政策研究. 辽宁林业科技，4：45.

覃成林.2011. 区域协调发展机制体系研究. 经济学家，4：63-70.

汤明，钟丹.2011. 主体功能区视阈下鄱阳湖流域生态共建共享补偿模式研究. 安徽农业科学，39（13）：8042-8043.

汤薇.2011. 经济学研究的伦理因素浅析——以生态经济学为例. 枣庄学院学报，6：118-123.

汤薇.2013. 生态城市基本问题研究. 枣庄学院学报，1：73-77.

唐克勇，杨怀宇，杨正勇. 2011. 环境产权视角下的生态补偿机制研究. 环境污染与防治，12：87-92.

唐铁朝，边艳辉，刘峰，等. 2011. 环境友好农业生产的生态补偿机制探索与实践. 农业环境与发展，4：14-17，21.

陶余会. 2002. 如何构造模糊层次分析法中模糊一致判断矩阵. 四川师范学院学报（自然科学版），23（3）：282-285.

田琪，张恒铭，杜欣. 2011. 我国城市森林公园生态服务补偿制度研究. 当代经济，8：134-135.

万军，张惠远，王金南，等. 2005. 中国生态补偿政策评估与框架初探. 环境科学研究，2：1-8.

王丰年. 2006. 论生态补偿的原则和机制. 自然辩证法研究，1：31-35.

王昊. 2011. 我国目前的财政政策对居民消费情况的影响分析. 财经界（学术版），8：16-19.

王美玲. 2012. 欧盟航空碳排放税引发的思考. 中国经贸导刊，8：48-49.

王青云. 2008. 关于我国建立生态补偿机制的思考. 宏观经济研究，7：11-15，49.

王昱，王荣成. 2008. 我国区域生态补偿机制下的主体功能区划研究. 东北师大学报（哲学社会科学版），4：17-21.

王昱，丁四保，王荣成. 2008. 我国典型生态环境治理工程中的生态补偿问题. 环境保护，（18）：28-31.

王昱，丁四保，王荣成. 2009. 主体功能区划及其生态补偿机制的地理学依据. 地域研究与开发，1：17-26.

王昱，丁四保，王荣成. 2010. 区域生态补偿的理论与实践需求及其制度障碍. 中国人口·资源与环境，20（7）：74-80.

王昱，丁四保，卢艳丽. 2011. 中国区域生态补偿中的补偿标准问题研究. 中国发展，6：1-5.

王昱，丁四保，卢艳丽. 2012. 基于我国区域制度的区域生态补偿难点问题研究. 现代城市研究，6：18-24.

王志凌，谢宝剑，谢万贞. 2007. 构建我国区域间生态补偿机制探讨. 学术论坛，3：119-125.

王作全，王佐龙，张立，等. 2006.关于生态补偿机制基本法律问题研究——以三江源国家级自然保护区生物多样性保护为例. 中国人口·资源与环境，1：101-107.

危旭芳. 2012. 主体功能区构建与制度创新：国外典型经验及启示. 生态经济，3：67-72.

韦贵红. 2011. 我国森林生态补偿立法存在的问题与对策. 北京林业大学学报（社会科学版），10（4）：14-20.

吴隆杰，杨林，苏昕，等. 2006. 近年来生态足迹研究进展. 中国农业大学学报，11（3）：1-8.

吴水荣. 2014-09-12. 芬兰：国家森林计划是林业政策和战略的基础. 中国绿色时报.

吴水荣，马天乐. 2001. 水源涵养林生态补偿经济分析. 林业资源管理，1：27-31.

吴水荣，顾亚丽. 2009. 国际森林生态补偿实践及其效果评价. 世界林业研究，22（4）：11-16.

吴晓松，王心同，宋常青，等. 2013. 加强生态保护 促进生态文明建设.宏观经济管理，6：45-50.

吴秀丽，吴涛，刘羿. 2011. 国内外森林健康经营综述. 世界林业研究，24（4）：7-12.

肖兴威. 2004. 中国森林资源与生态状况综合监测体系建设的战略思考. 林业资源管理，3：1-5.

肖正光. 2003. 加快林业建设步伐优化林业经济环境. 林业与生态，4：5.

谢浩然. 2010. 基于 IS-LM 模型的我国财政货币政策有效性分析. 当代经济，12：148-151.

谢利玉. 2000. 浅论公益林生态效益补偿问题. 世界林业研究，3：70-76.

熊巍. 2002. 我国农村公共产品供给分析与模式选择. 中国农村经济, 7: 36-44.

徐大伟, 常亮, 侯铁珊, 等. 2012. 基于 WTP 和 WTA 的流域生态补偿标准测算——以辽河为例. 资源科学, 7: 1354-1361.

徐大伟, 涂少云, 常亮, 等. 2012. 基于演化博弈的流域生态补偿利益冲突分析. 中国人口·资源与环境, 2: 8-14.

徐大伟, 荣金芳, 李斌. 2013. 生态补偿的逐级协商机制分析: 以跨区域流域为例. 经济学家, 9: 52-59.

徐梦月, 陈江龙, 高金龙, 等. 2012. 主体功能区生态补偿初探. 中国生态农业学报, 20 (10): 1040-1048.

徐旻. 2010. 中芬加强合作, 共创投资良机. 中国经贸, 12: 92-93.

徐绍史. 2013. 国务院关于生态补偿机制建设情况的工作报告. 中华人民共和国全国人民代表大会常务委员会公报, 3: 466-473.

徐诗举. 2011. 促进主体功能区建设的财政政策研究. 北京: 经济科学出版社.

徐诗举, 查道樑. 2012. 主体功能区视阈下的区域间生态补偿制度创新. 赤峰学院学报 (自然科学版), 28 (4): 53-56.

徐筱越, 乔冠宇. 2015. 西部主体功能区生态补偿的均等化财政转移支付研究——以广西北部湾经济区三区县为例. 广西财经学院学报, 28 (6): 42-45.

徐雅贞, 王筱春, 彭芯. 2012. 美国国土空间规划及其启示. 规划师论丛, 5: 140-145.

徐燕, 张彩虹. 2006. 我国林业可持续发展融资渠道研究. 北京林业大学学报 (社会科学版), 5 (1): 59-63.

徐振强. 2016. 芬兰生态智慧城市 (区) 规划建设经验及其启示——基于世界设计之都赫尔辛基新城建设实践的调研. 中国名城, 1: 69-79.

许雄波. 2008. 路径依赖与中国的承包制. 石家庄铁道大学学报 (社会科学版), 2 (1): 25-29.

杨桂华. 2008. 应对流域生态补偿机制的环境监测. 环境科学与管理, 7: 148-149, 152.

杨黎源. 2003. 试论政府权力运作的基本原则及监督. 四川行政学院学报, 4: 9-12.

杨振, 刘会敏, 杨芳. 2012. 森林生态系统服务外溢与补偿次序研究. 林业经济, 10: 104-107.

姚顺波. 2004. 森林生态补偿研究. 科技导报, 4: 54-56.

叶晔, 李智勇. 2008. 森林休闲发展现状及趋势. 世界林业研究, 21 (4): 11-15.

尤艳馨. 2007. 构建生态补偿机制的思路与对策. 地方财政研究, 3: 54-57.

余璐, 李郁芳. 2009. 生态补偿的经济物品属性定位. 商场现代化, 17: 201-203.

余璐, 李郁芳. 2010. 中央政府供给地区生态补偿的内生性缺陷——多数规则下的分析. 中南财经政法大学学报, 2: 64-69.

俞奉庆. 2013. 实施主体功能区战略 加快生态文明建设. 浙江经济, 1: 18-22.

俞海. 2008. 中国生态补偿: 概念、问题类型与政策路径选择. 中国软科学, 6: 7-15.

喻永红. 2014. 退耕还林生态补偿标准研究综述. 生态经济, 30 (7): 48-51.

袁朱. 2007. 国外有关主体功能区划分及其分类政策的研究与启示. 中国发展观察, 2: 54-56.

曾先峰. 2014. 资源环境产权缺陷与矿区生态补偿机制缺失: 影响机理分析. 干旱区资源与环境, 5: 47-52.

曾祥华, 孙慧. 2012. 太湖流域生态补偿机制研究. 江南论坛, 7: 28-29.

张成福. 2013. 浅议我国林业生态工程及其信息系统的现状. 防护林科技, 6: 95-96.

张洪源. 2012. 试论地区间横向援助法律机制的构建——基于主体功能区生态补偿视角. 经济视角, 9: 117-119.

张鸿铭. 2005. 建立生态补偿机制的实践与思考. 环境保护, 2: 41-45.

张吉军. 2000. 模糊层次分析法. 模糊系统与数学, 14 (2): 80-88.

张敬. 2012. 我国林业创新人才培养存在的问题与对策. 中国农业教育, 6: 18-21.

张凯. 2014. 财政政策对经济发展的影响. 中国科技投资, A15: 318.

张乐勤. 2010. 流域生态补偿理论评述. 池州学院学报, 3: 73-76, 81.

张丽君. 2011. 典型国家国土规划现况. 国土资源情报, 7: 2-8.

张秋根, 晏雨鸿, 万承永. 2001. 浅析公益林生态效益补偿理论. 中南林业调查规划, 2: 46-49, 52.

张晓军. 2012. 主体功能区视角下的甘肃公共财政政策研究. 财政部财政科学研究所博士学位论文.

张艳芳, Taylor M E. 2013. 对中国流域生态补偿的法律思考. 生态经济, 1: 142-146, 173.

张英, 陈绍志. 2015. 产权改革与资源管护——基于森林灾害的分析. 中国农村经济, 10: 15-27.

张颖, 张艳. 2013. 生态补偿标准的制订应考虑农户的意愿——以江西省瑞昌市森林生态补偿调查为例. 生态经济 (学术版), 2: 106-109.

张郁, 丁四保. 2008. 基于主体功能区的流域生态补偿机制. 经济地理, 28 (5): 849-852.

张育军. 2004. 大力推进创业板市场分步建设. 中国金融, 9: 57-59.

张媛. 2015. 森林生态补偿的新视角: 生态资本理论的应用. 生态经济, 1: 176-179.

张舟, 谭荣, 石琛, 等. 2014. 林地流转模式的选择机理及其政策启示. 中国土地科学, 28 (5): 11-18.

赵全东, 向佐群. 2010. 环境污染赔偿责任保险制度可行性基础研究. 中南林业科技大学学报 (社会科学版), 4 (6): 24-27.

赵树丛. 2013. 中国林业发展与生态文明建设. 行政管理改革, 3: 17-21.

赵铁珍, 柯水发, 韩菲. 2011. 美国林业管理及林业资源保护政策演进分析和启示. 林业资源管理, (3): 115-120.

赵鑫鑫, 曹明德. 2015. 新环境保护法与生态保护补偿制度的构建. 西南民族大学学报 (人文社会科学版), (5): 102-106.

赵银军, 魏开湄, 丁爱中, 等. 2012. 流域生态补偿理论探讨. 生态环境学报, 5: 963-969.

赵云峰, 侯铁珊, 徐大伟. 2012. 生态补偿银行制度的分析: 美国的经验及其对我国的启示. 生态经济, 6: 34-41.

郑伟, 徐元, 石洪华, 等. 2011. 海洋生态补偿理论及技术体系初步构建. 海洋环境科学, 6: 877-880.

郑志国, 危旭芳. 2008. 基于主体功能区划分的双重生态林偿机制. 粤港澳可持续发展研讨会. 第四届粤港澳可持续发展研讨会中国会议论文集. 广州: 广东科技出版社.

中国生态补偿机制与政策研究课题组. 2007. 中国生态补偿机制与政策研究. 北京: 中国环境科学出版社.

钟晓玉, 董希斌. 2008. 我国森林资源生态效益补偿机制的探讨. 森林工程, 24 (1): 18-21.

周大杰, 董文娟, 孙丽英, 等. 2005. 流域水资源管理中的生态补偿问题研究. 北京师范大学学报 (社会科学版), 4: 131-135.

周丽旋，彭晓春，郭梅，等. 2010. 基于主体功能区的广东省区域生态补偿机制研究. 中国环境科学学会中国环境科学学会学术年会论文集（第二卷）. 北京：中国环境科学出版社.

周莉. 2008. 我国林业财政支出的效率研究. 北京：中国财政经济出版社.

周庆元，王全纲. 2008. 公共产品市场化供给研究——兼论政府职能的转变. 时代金融，5：49-51.

周颖，濮励杰，张芳怡. 2006. 德国空间规划研究及其对我国的启示. 长江流域资源与环境，15（4）：409-413.

朱儒顺. 2005. 关于公共产品供给方式变革的思考. 财经理论研究，6：17-20.

竺效. 2011. 我国生态补偿基金的法律性质研究——兼论《中华人民共和国生态补偿条例》相关框架设计. 北京林业大学学报（社会科学版），1：1-9.

祝列克. 2011-02-15. 把发展林业作为实现科学发展的重大举措. 中国绿色时报，A01.

宗建亮. 2007. 英国对外贸易现状与中英贸易分析. 贵州社会科学，2：139-142.

Albrecht M，Schmid B，Obrist M K，et al. 2010. Effects of ecological compensation meadows on arthropod diversity in adjacent intensively managed grassland. Biological Conservation，143（3）：642-649.

Awad I M. 2012. Using econometric analysis of willingness-to-pay to investigate economic efficiency and equity of domestic water services in the West Bank. The Journal of Socio-Economics，41：485-494.

Bienabe E，Hearn R R. 2005. Public preferences for biodiveisity conservation and scenic beauty within a framework of environmental services payments. Forest Policy and Economics，（9）：335-348.

Brown M A，Clarkson B D，Barton B J，et al. 2014. Implementing ecological compensation in New Zealand：stakeholder perspectives and a way forward. Journal of the Royal Society of New Zealand，44（1）：34-47.

Corbera E，Kosoy N，Martinez T M. 2007. Equity implications of marketing ecosystem services in protected areas and rural communities：case studies from Meso-America. Global Environmental Change，17（3）：365-380.

Cuperus R，Caters K J，Piepers A A G. 1996. Ecological compensation of the impacts of a road. Preliminary method of A50 road link. Ecological Engineering，7：327-349.

Drechsler M，Watzold F. 2001. The importance of economic costs in the development of guidelines for spatial conservation management. Biological Conservation，97：51-59.

Eric M，Anne-Sophie D，David G，et al. 2015. Combining correlative and mechanistic habitat suitability models to improve ecological compensation. Biological Reviews of the Cambridge Philosophical Society，90：314-329.

Gouyon A. 2003. Rewarding the upland poor for environmental services：a review of initiatives from developed countries. World Agroforestry Centre Southeast Asia Regional Office，Indonesia.

Group K. 2008. Payments for Ecosystem Services：Getting Started in Marine and Coastal Ecosystem. Washington：Harris Litho.

Haughton G，Counsell D. 2004. Regions and sustainable development：regional planning matters. The Geographical Journal，170（2）：135-145.

Herzog F，Dreier S，Hofer G，et al. 2005. Effect of ecological compensation areas on floristic and breeding bird diversity in Swiss agricultural landscapes. Agriculture，Ecosystems and Environment，108（3）：189-204.

Johst K, Drechsler M, Watozlod F. 2002. An ecological-economic modeling procedure to design compensation payments for the efficient spatio-temporal allocation of species protection measures.Ecological Economics, 41: 37-49.

Junge X, Lindemann-Matthies P, Hunziker M, et al. 2011. Aesthetic preferences of non-farmers and farmers for different land-use types and proportions of ecological compensation areas in the Swiss lowlands.Biological Conservation, 144（5）: 1430-1440.

King P, Annandale D, Bailey J. 2003. Integrated economic and environmental planning: a review progress and proposals for policy reform.Progress in Planning, 59: 233-315.

Kissinger M, Rees W E, Timmer V. 2011. Interregional sustainability governance and policy in an ecologically interdependent world. Environmental Science&Policy, 14: 965-976.

Landell-Mills N, Porras I.2002.Silver bullet or fool's gold? A global review of markets for forest environmental services and their impact on the poor.

Mäntymaa E, Juutinen A, Mönkkönen M, et al. 2009. Participation and compensation claims in voluntary forest conservation: a case of privately owned forests in Finland.Forest Policy and Economics, 11（7）: 498-507.

Mcharty S, Matthews A, Riordan B. 2003. Economic determinants of private afforestation in the Republic of Ireland. Land Use Policy, （20）: 51-59.

Millennium Ecosystem Assessment Board. 2005. Ecosystems and human well-being: opportunities and challenges for business and industry. Washington D C: World Resource Institute.

Moran D, McVittie A, Allcroft D J, et al. 2007. Quantifying public preferences for agri-environmental policy in Scotland: a comparison of methods.Ecological Economics, 63（1）: 42-53.

Muradian R, Corbera E, Pascual U, et al. 2010. Reconciling theory and practice: an alternative conceptual framework for understanding payments for environmental services. Ecological Economics, 69（6）: 1202-1208.

Murray B C, Robert C A. 2001. Estimating price compensation requirements for eco-certified forestry. Ecological Economics, 36（1）: 149-163.

Norgaard R B, Jin L. 2008. Trade and governance of ecosystem services. Ecological Economics, 66（4）: 638-652

Pagiola S, Platais G. 2007. Payments for environmental services: from theory to practice. World Bank, Washington.

Pagiola S, Landell-Mills N, Bishop J. 2002. Making market-based mechanisms work for forests and people//Pagiola S, Bishop J, Landell-Mills N. Selling Forest Environmental Services: Market-Based Mechanisms for Conservation and Development.London: Earthscan.

Pagiola S, Arcenas A, Platais G. 2005. Can payments for environmental services help reduce poverty? An exploration of the issue and the evidence to data from Latin America.World Development, 33（2）: 237-253.

Pagiola S, Rios A, Arcenas A. 2008. Can the poor participate in payments for environmental services? Lessons from the Silvo pastoral project in Nicaragua. Environment and Development Economics, 13（3）: 299-325.

Powell I, White A, Landell-Mills N. 2002. Developping Markets For the Ecosystem Services of Forests.

Rees W E. 1992. Ecological footprint and appropriated carrying capacity: what urban economics leave out. Environment and Urbanization, 4（2）: 120-130.

Reid J, Bruner A, Chow J, et al. 2015. Ecological compensation to address environmental externalities: lessons from South American case studies.Journal of Sustainable Forestry, 34（6）: 605-622.

Roach B, Wade W W. 2006. Policy evaluation of natural resource injuries using habitat equivalency analysis.Ecological Economics, 58（2）: 421-437.

Roman T. 2009. The forest of Romania: a social-economic's dramma.Theoretical and Applied Economics, 6: 535.

Spash C L, Urama K, Burton R, et al. 2009. Motives behind willingness to pay for improving biodiversity in a water ecosystem: economics, ethics and social psychology. Ecological Economics, 68: 955- 964.

Tan X, Sabbagh G J, Cuperus G W, et al. 1996. JAWRA journal of the American water resources association. Wiley Journal, 32（5）: 1027-1037.

Vatn A. 2010. An institutional analysis of payments for environmental services.Ecological Economics, 69（6）: 1245-1252.

Wackernagel M, Rees W E. 1996. Our Ecological Footprit: Reducing Human Impact on the Earth. Philadelphia: New Society Publishers.

Wackernagel M, Onisto L, Bello P, et al.1999. National natural capital accounting with the ecological footprint concept. Ecological Economics, 29（3）: 375-390.

Wunder S, Engel S, Pagiola S. 2008. Taking stock: a comparative analysis of payments for environmental services programs in developed and developing countries.Ecological Economics, （65）: 834-852.

Zbinden S. 2004. Paying for environmental services: an analysis of participation in costa rica's PSA program. World Development, 33（2）: 255-272.

Zellweger-Fischer J, Kéry M, Pasinelli G. 2011. Population trends of brown hares in Switzerland: the role of land-use and ecological compensation areas.Biological Conservation, 144: 1364-1373.